JN215721

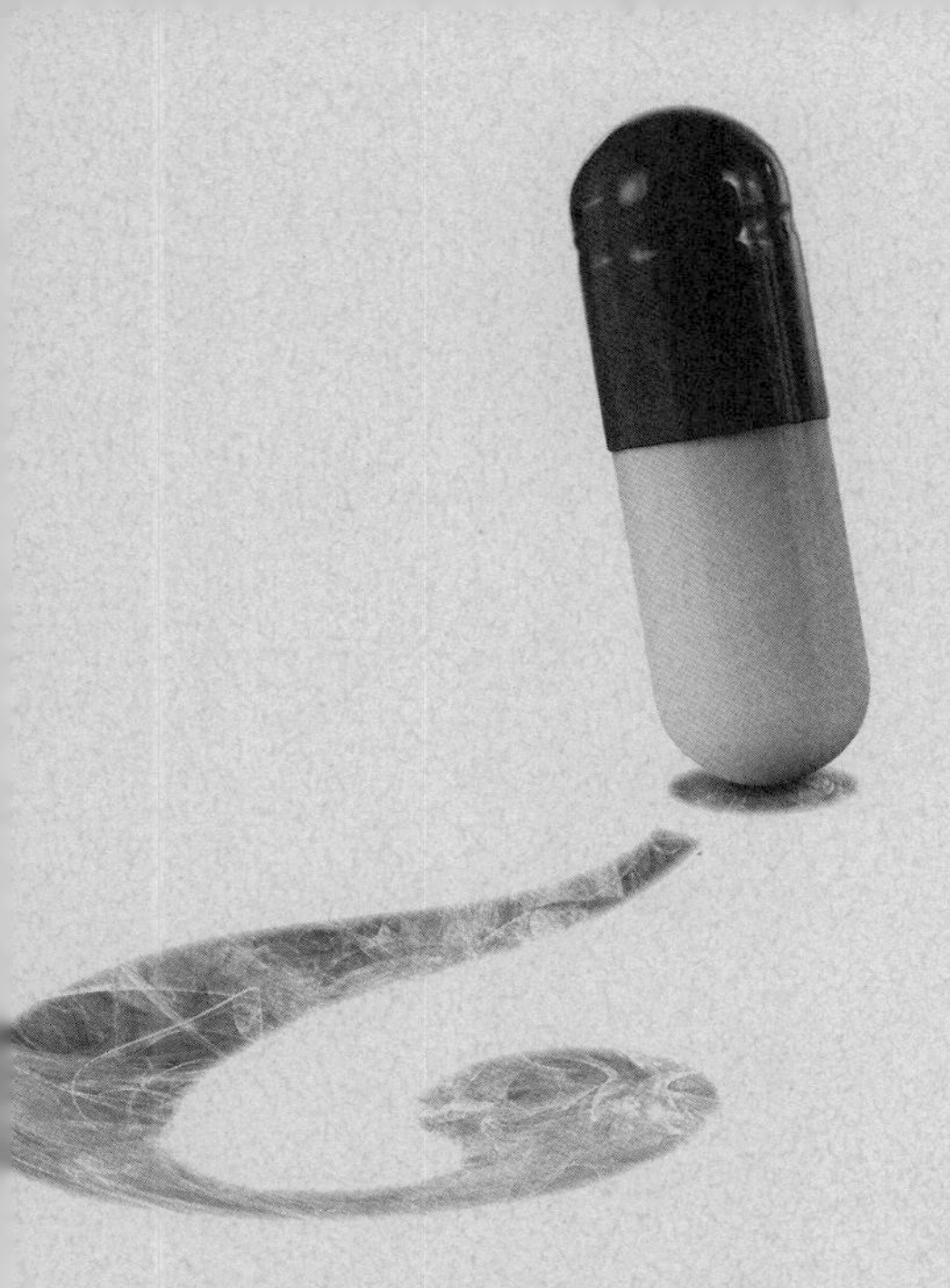

生命科学クライシス

新薬開発の危ない現場

リチャード・ハリス
寺町朋子［訳］　篠原 彰［解説］

RIGOR MORTIS

HOW SLOPPY SCIENCE CREATES WORTHLESS CURES, CRUSHES HOPE, AND WASTES BILLIONS

RICHARD HARRIS

白揚社

父、マイケル・ハリス（一九二二～二〇一四）に捧ぐ

生命科学クライシス　目次

第10章　**規律をつくり出す**　253

生命科学クライシス

◉〔　〕で示した個所は訳者による補足です。

はじめに

医療の進歩を伝える記事を読むと、がんやアルツハイマー病、脳卒中、変形性関節症をはじめ、数々のまれな病気の治療にまもなく待望のブレークスルーがもたらされるような気がしてくる。それこそ、目指すものが、すぐそこの角を曲がれば見つかるかのようだ。だが、この世界には曲がり角が恐ろしく多い。たいていの場合、曲がった先には目的地ではなく別の角が現れるのだ。私は一九八六年に「ナショナル・パブリック・ラジオ」〔アメリカの公共放送〕の特派員になって以来、医学の話題を数えきれないほど報告してきたが、思い返せば過度な望みをかけていたこともあった。そして最近、医学研究の進展が悲惨なほど遅いのは、研究が大変なのは確かだとしても、それだけが理由ではないことに気づいた。さらに科学者たちが、自らを欺くことを防ぐために本来なら踏むべき手順をはしょってきたこともわかった。そうしたもろもろのツケが現在、生物医学研究に回ってきている。はっきり言えば、これまでに発表された論文のなかで、間違っているものがあまりにも多すぎる。だが、そんなことがあってはならない。

今は医学にとって豊かな時代であるはずなのだ。私たちの遺伝的な青写真であるヒトゲノムは、二〇〇三年に解読が終わって全配列が公表された。研究所で利用される技術は、驚くべき速さで進歩している。かつては専任の研究チームが何年も骨を折った取り組みも、適切な機器があれば、今や一人の技術補佐員(テクニシャン)が午後半日だけで成し遂げられる。研究室での実験で人間の被験者代わりに使用する遺伝子改変マウスも、希望どおりに設計できる。何テラバイトものデータをふるいにかけて、新しい診断検査や処置法、治療法の手がかりを探せる。確かに、長い目で見れば医学は大きく前進した。抗生物質、ワクチン、心臓手術、それに説得力のある公衆衛生上のアドバイス(特に、「禁煙!」)などはその成果だ。アメリカ人の平均寿命は、全般的に見てじわじわと延び続けている。こうした目下の医学研究を下支えしているのは、国民が惜しみなく出し合った金だ。アメリカの納税者は、アメリカ国立衛生研究所(NIH)に提供する資金として毎年三〇〇億ドル以上を支払っている。私たちが服用する薬や受ける治療に織りこまれる研究費なども加えると、平均的なアメリカの世帯は生物医学研究を支えるために毎年九〇〇ドルを費やしている。

それでも、転移がんは今なお数十年前と変わらずほとんど抑制できない(例外はごくわずか)。アルツハイマー病も治せないままだ。急増するベビーブーム世代が年を取り、この無慈悲で医療費のかかる病気にますますかかりやすくなるにもかかわらず。ルー・ゲーリッグ病とも言われる筋萎縮性側索硬化症（ＡＬＳ）は、効果的な治療法がない数々の深刻な神経疾患の一つだ。じつは、七〇〇〇種類にのぼる既知の病気のうち、治療法があるのはわずか五〇〇種類にとどまるうえ、多くの治療法には取るに足りない効果しかない。エディンバラ大学教授のマルコム・マクラウドが述べたように、医学は停滞している。

生物医学の進展が止まったわけではない。決して止まってはいない。だが、無駄な努力のせいで進展は遅れている。しかも、一刻の猶予もないときに。生物医学研究は長期にわたって前進してきたが、研究コストが膨らんでいるため、連邦政府による支援は縮小されつつある。したがって、これらの貴重な資源を最大限に活かすことが今ほど重要なときはない。

技術、努力、金、それに言うまでもなく、世の中を改善する決意を持った多くの科学者の熱意にもかかわらず、医学研究には凡ミスや無用の間違いがはびこっている。科学者は厳しい選択を迫られることがある。科学の厳密な基準をきちんと守り医学の進歩にとって最善のことをするか。それとも、極度に競争の激しい学術研究の環境でキャリアを維持するのに必要だと思うことをするか。それは誰もが避けたい選択だ。

この先の各章では、科学が正道を踏み外すさまざまなパターンを紹介する。たとえば、ゆがんだ動機のせいで、科学者が質の高い科学に求められる厳密な道を進む意欲を失うことも、その一つだ。本書（原書）のタイトルに「死後硬直」を意味する「rigor mortis」という言葉を使ったのは、むろんちょっとした言葉遊びで、「rigor（厳密性）」の「mortis（死）」という意味を掛けている。生物医学研究の「厳密性」は死んではいないが、強烈な刺激を与えて目覚めさせる必要があるのは間違いない。

ありがたいことに、これらの問題は認識されつつある。なかには、それほど技術的に苦労することなく解決できる問題もある。たとえば、細胞を検証してくれる試験所に細胞のサンプルを送ることも一つの手だ。実験をちょっと修正すれば、期待のしすぎによって結果に悪影響が出るリスクを減らせる。それに生物統計学者の手を借りれば、実験を適切にデザインして結果を解析することができる。ただし、今問題なのは技術的な修正ではない。それよりはるかに大変な課題は、正しいことをするか、それとも自分の研究室やキャリアの維持を図るかの選択を科学者がしなくてすむように、生物医学の文化や構造を変えることだ。

本書の取材に際しては、生物医学界の厄介な状況について科学者たちが話したがらないだろうと思っていた。だが、意外にもそうではなかった。それどころか、電話や訪問をした多くの科学者が、熱心に自分の経験を語ったり事態の正常化に向けた提言をしたりしてくれた。ＮＩＨなどの要職にある人びとも、これらの問題を認めて解決策を模索している（具体的な解決策が手元にあると、ほとんどの場合、人びとがより進んで問題を認めることに私は気づいた）。患者支援団体も、これらの問題に取り組みつつある。それに、自ら直接取り組む改革運動として、これらの問題に挑んでいる先駆者も少しはいる。彼らは、医学がこれまで人類のために大きく貢献してきたこと、そして今後いっそう貢献する可能性があることを知っている。

この序論の締めくくりとして、科学と本書の両方に関連する重要な哲学的論点を述べたい。科学のほとんどは、直接の観察ではなく推論のうえに成り立っている。体内の原子や分子は見えないし、病気の根本原因を正確に説明することはできない。科学は、アイデアを間接的に試し、誤りだと思われるアイデアを捨て、事実による裏づけが最も得られたアイデアを足場として進展する。次第に、科学者たちは真実により近づける物語を構築していく。だがどんな時にも、いくつもの物語が同時に存在しており、それらが互いにまったく食い違うこともある。科学者たちは、どの物語が真実により近いかについて、おのおのの判断に頼る（絶対の真実にはいつまでも手が届かない）。現時点では極端だと思われても、何年かしたら世の認める物語になるものもあるだろう。実際の話、思いがけないアイデアが科学を前進させることも珍しくない。ところで、ライターたちははっきりと言わないことが多いが、私たちライターも、証拠を比較検討し、判断をくだし、真実だと認識されるものに近づけてくれる観察結果をまとめることを仕事にしている。その作業は物語を書くのに欠かせない。生物医学界に対して私とは違う見方をし、いくらか異なる一連の事実を比較検討して異なる結論に達する人びともきっといるだろう。本書では科学の不確定性を探るので、私自身もここで客観的な真実を明らかにするわけではなく、同じように判断をくだしていることを認めておこう。

再現できない

それは、誰でも知っていながら口にするのははばかられるたぐいの話だった。毎年、およそ一〇〇万件にのぼる生物医学研究の成果が科学文献に発表される。だがその多くは、はっきり言って間違っている。誇大な記述や突飛な統計の話、根拠の弱い論文や間違った論文を除外するとされる査読システムの話は、ひとまず脇に置いておく。ともかく多くの研究は、精査するとボロが出る。それは、まだ確立していない最先端の領域を探究しているからということもある。科学者が知らず知らずに、実際には真実ではないストーリーをデータが語るように望んだということもある。たまに、紛れもない不正がおこなわれることもある。だがいずれにせよ、論文で発表される研究成果の大部分は間違っている。

C・グレン・ベグリーは、多くの人が語ろうとしなかったことをあえて言うことにした。オーストラリア生まれの科学者であるベグリーは、学術研究機関で二五年間過ごしたのち、南カリフォルニアにあるバイオ業界の草分け企業アムジェンでがんの研究を率いることになった。学術研究機関で研究していたころ、ベグリーはヒト顆粒球コロニー刺激因子（G‐CSF）というタンパク質を別の研究者と発見した。G‐CSFは現在、命に関わる量の抗がん剤を投与された患者の免疫系を再構築するために用いられている。G‐CSFは最終的にアムジェン初の大型新薬（ブロックバスター）となったので、何年かして同社ががんの研究プログラムを立ち上げようとしたときにベグリーをその職に招聘（しょうへい）したのは驚きではない。

製薬企業では新薬の種（たね）となるアイデアを得る際、ほとんどの研究資金が税金でまかなわれる学術研究機関の研究室が発表した成果に頼るところが大きい。企業はそのようなアイデアに飛びつき、新薬候補を開発し、新しい治療薬として世に送り出す。ベグリー配下の研究員たちは、科学文献を調査して新薬候補としてめぼしいリード化合物を洗い出した。期待できそうなものが見つかるたびに、詳細を調べるプロジェクトが開始された。ベグリーの主張では、どの研究プロジェクトでも最初の段階は、論文と同じ結果が得られるかどうかを見極めるために企業の科学者が追試することだという。だがほとんどの場合、アムジェンの研究所では実験結果を再現できなかった。再現失敗が正式に報告されると、そのプロジェクトは打ち切られ、科学者たちは科学文献に発表された次なるすばらしいアイデアに目を向けた。

アムジェンで一〇年間働いたのち、ベグリーは次の職に進むことになった。だがその前に、自分の研究チームが再現できず棚上げにした数々の研究を調べたかった。そして特に、よい結果が出ていたら重要な新薬になった可能性のあるものに着目した。ベグリーは、もしかすると画期的かもしれないと思われた五三本の論文を選んだ。ただし、アムジェンは再検討のために実験を何度も繰り返すつもりはなかったので、ベグリーは、これらの興味深い結果を論文にした科学者本人たちに助けを求めた。

「ほとんどの場合、科学者たちは私たちとの協力に前向きでした。話の最中で一方的に電話を切られたり、会話の続行を拒まれたりしたのは二、三回だけです」とベグリーは言った。まず、ベグリーは科学者たちに、元の実験で用いたとおりの材料を提供してほしいと依頼した。その材料を使って実験を再現できなかったとしても、アムジェンはあきらめなかった。「二〇件ほどについては、実際に弊社の人間を先方の研究室に派遣して、科学者が自分の手で実験するのを見せてもらいました」と、ベグリーは話した。ただしこのときは、実験のどの群が肯定的な結果を期待できるのか、どの群が比較する群（対照群）なのかを科学者たちに伏せておいた。すると、このように盲検化した条件では、再現はほとんど失敗した。「つまり、アムジェンが単に実験を再現できなかったのではありません」。ベグリーは話を続けた。「当の科学者たちも再現できなかったのが、もっと衝撃でした」。ベグリーが追試をさせた五三件の独創的で興味深い研究のうち、結果を再現できたのは六件にとどまった。わずか六件。一割をかろうじて超える程度でしかない。

ベグリーはアムジェンの取締役会で、この情報をどうすべきか相談した。すると、それを論文で発表するように告げられた。ドイツの製薬企業バイエルも以前に同様のプロジェクトに取り組み、やはり一貫性のない結果を得た（追試で結果を再現できたのは二五パーセント）[1]。その研究は二〇一一年九月、ある専門誌に発表されたが、あまり公の議論を引き起こさなかった。ベグリーは、学術研究機関の科学者が共著者になってくれたら自分の研究に対する信頼性が高まるだろうと考えた。ヒューストンにあるMDアンダーソンがんセンターのリー・エリスが加わって解析に協力してくれた。エリスも、がん研究における厳密性の向上が必要だと率直に発言していた。彼らの意見論文が二〇一二年三月に科学誌『ネイチャー』に掲載されると、たちまち注目を集めた。ベグリーとエリスは、この件を同業者たちの前で堂々と取り上げたのだ[2]。

彼らが英雄視されることは、ほとんどなかった。マサチューセッツ工科大学の著名ながん研究者ロバート・ワインバーグはこう話した。「私の意見では、あの論文は産業界にいる人間の愚かさを証明するものでした。彼らの甘さや無能さがさらけ出されました」。ベグリーによれば、二人が学会で発表すると、科学者が立ち上がって「あなたがたは、研究費が削られたりするようなひどい仕打ちを科学界にしているじゃないですか」と非難してくることがよくあったそうだ。ところが、ホテルのバーだと、会話はいつも違ったという。バーでは、再現性のなさは生物医学分野にとって破滅的な問題だと科学者がそっと認める。「それは周知の事実でした。ただ、口に出せないことでした。私たちがそれを公然と言ったことが、衝撃を与えたのです」

基礎研究に忍び寄る危機

生物医学研究における再現性の問題は、長年くすぶっている。一九六〇年代にはすでに、科学者たちはよく知られた落とし穴について注意を呼びかけていた。たとえば、研究室での実験で広く用いられるヒト細胞の正体が、表示とまったく違う場合がよくあるといったことだ。二〇〇五年にスタンフォード大学のジョン・ヨアニディスが「発表された研究成果のほとんどが誤りである理由」と題する論文を発表した。そのよく引用される論文では、いい加減な研究デザインや解析によって少なからぬ問題が引き起こされていることが浮き彫りにされた[3]。しかし、バイエルの論文や、その後ベグリーが発表した論文によって、それまではひそかな狼狽をもたらしていた問題が、突如として表面化し、あれよというまに注目を集めた。

それを「再現性の危機」と呼ぶ人もいる。問題なのは、科学者が時間や税金を無駄にしているだけでなく、人を欺く基礎研究の研究結果が、病気の治療法の探索を実際に遅らせていることだ。研究室でおこなわれる研究は、医学の進歩のまさに核心である。動物や細胞、ＤＮＡなどの生体分子を用いる基礎研究は、健康な状態や病気の基礎をなす生物学的メカニズムを明らかにする。こうした試みの多くは「前臨床試験（非臨床試験）」と呼ばれ、その知見は（臨床における）人間を対象とした試験につながることが期待される。しかし、前臨床試験で得られた知見にひどい欠陥があれば、科学者は何年間も無駄にしてしまう恐れがある（ものすごい金額をドブに捨てるようなものだという点は言うまでもない）。いずれがんを治せる、アルツハイマー病を克服できるといった見込みがときおり示されるのは、科学的発見によって新たな治療法の実現に近づきつつあるという信念があるからだ。科学的発見のなかに医療を進展させるものがあるのは確かだが、発表される多くの研究結果は、実際には研究を誤った方向に導いてしまう。それに、ベグリーとエリスの論文やバイエルの論文による衝撃は、科学者が間違いを犯すということだけではなかった。これらの研究は、そのような間違いが信じられないほど多いという警告を発したのだ。

一見、そんなことは信じがたいと思える。もしかすると、それが一つの理由で、間違いが多いという主張が広く認められるまでに時間がかかったのかもしれない。なんと言っても、科学者はおしなべて非常に賢い人びとだ。全体として見れば、科学者たちには成功を重ねてきた長い実績がある。薬のほとんどは生物医学研究のおかげで生まれたし、ノーベル賞受賞の理由となった、人間の本質に迫るさまざまな洞察がそうした研究からもたらされたのは言うまでもない。多くの生物医学研究者は、生命の新たな神秘を発見し、世界を人間にとってよりすばらしい場所にすることに意欲的だ。科学者のなかには親戚や愛する人びとを苦しめている病気を研究している者もおり、彼らは治療法を見つけたがっている。学術研究機関の研究者は、たいてい金銭のために研究しているのではない。生物医学分野の博士号を持っていれば、それを活用してもっと儲けられる方法がほかにいろいろある。大事なことだが、科学者は物事を正しく理解するということを旨としている。失敗は研究につきものの側面だ。なにしろ、科学者は知識の最先端のところで暗中模索しているのだから。しかし、避けられる間違いを犯すのは恥ずかしいことだし、なお悪いことに研究の足を引っ張る。

学術研究機関の研究者が働いている環境が、じつは失敗のお膳立てをしてきた。研究費の奪い合いが絶えない。昇進や終身在職権の獲得は、人目を引く発見ができるかにかかっている。一位になると大きな報酬が与えられる。たとえ、その研究が最終的には時の試練に耐えられなくても。そして、早合点に対する罰則はほとんどない。じつのところ、この問題の大きさを考えると、間違いを犯していることに多くの科学者が気づいてさえいないことが明らかだ。科学者は文献で読んだことを正しいと思いこみ、その想定に基づいて研究プロジェクトを始めることがよくある。ベグリーの話では、アムジェンで再現できなかった研究の一つは、ほかの研究者から二〇〇〇回以上引用されていた。それらの研究者は、元の研究結果を実際には確認せずに、その研究を足がかりとしたり、少なくとも参考にしたりしている。

他人の研究をチェックしたところで、研究資金や名誉はほとんど得られない。そのため、間違いが何年も経ってから初めて発覚することもある。人気だがじつは裏づけの乏しいアイデアがようやく注意深い実験によって検証され、唐突に消え失せるのだ。先頭に立つものが間違っている場合、分野全体で何年もの時間と何百万ドルもの金を費やして、結局は正しくないと判明するものを追いかけてしまいかねない。

失敗は、あるアイデアをもとに新薬を開発する段になって顕在化することもある。それがグレン・ベグリーの研究結果に唖然とさせられる理由だ。研究の再現失敗率が高いという結果は、本当に重要な研究を選んだうえで弾き出したものだ。製薬企業は、生物学への新しい洞察や、とりわけ新薬の開発候補となるリード化合物を得るために学術研究機関の研究を重視している。もし学術研究機関が疑わしい研究結果を世に出しているのなら、製薬企業は新薬を生み出すのに苦労するだろう。むろん、ベグリーが検証したのは、科学文献に載っている膨大な数の研究のうち、たった五三件にすぎない。そして、彼がそれらの論文を選び出したのは、有益な新薬に結びつく可能性を秘めた驚くべき知見があったからだ。ひょっとして、もっとおもしろみのない研究を調べたら、研究の再現成功率はより高いことが示されたかもしれない。しかし言うまでもなく、そんな研究が医療の飛躍的な進歩につながることはあるまい。

これまでに生物医学研究の質を全体として測る組織的な試みはなされていないが、「世界生物学基準研究所（Global Biological Standards Institute）」という非営利組織を設立したレナード・フリードマンは二人のエコノミストと手を組み、アメリカにおけるこの問題を金額に換算した。研究の質の数値化を試みた少数の小規模な研究から、彼らは次のように推定した。研究デザインが信頼できない研究が二〇パーセント。目的ではない細胞が混入していたり、科学者の想定するほど選択的でも的確でもない抗体を使っていたりするなど、材料が怪しい研究が約二五パーセント。実験技術のお粗末な研究が八パーセント。データの解析がまずいものが一八パーセント。要するに、フリードマンは前臨床研究全体の約半数が当てにならないと算出した。彼はさらに計算を進め、信頼できない論文の発表に一年で二八〇億ドルが費やされると推定した。[4] この目玉が飛び出すほどの推定値は、大勢の懐疑的な面々を驚かせており、フリードマン自身は、この数値が不確実なもので「さらなる議論に向けたまずまずの出発点」だということを認めるのにやぶさかでない。「誤解のないように言えば、この結果は生物医学研究に投資しても何も見返りがないと匂わせているのではない」とフリードマンらは書いている。「再現性がない」と彼らが定義している本当のところは、多くの場合、科学者がある論文を取り上げたとき、そこには自分の手で実験するための十分な情報が書かれていないということだ。それは確かに問題だが、決して悲惨な状況ではない。より大きな問題は、フリードマンが強調する間違いや過失が、ベグリーが見出したように際立って多いことだ。そのうえ科学者は、失敗が科学の仕組みの一部だとすぐに認める一方、防ぎうる間違いがどれほど研究に悪影響を及ぼしているのかにはあまり気づいていない恐れがある。「朝起きて、ひどい科学研究やずさんな科学研究をするつもりで出勤する研究者などいないと思います」とエディンバラ大学のマルコム・マクラウドは言った。彼は一〇年以上前から、この問題について寄稿したり考えたりしてきた。マクラウドの出発点は、なぜ動物実験では有望そうなリード化合物がいくつもあるのに、脳卒中治療薬の開発がほとんど成功していないのかと疑問に思ったことだ（例外にｔＰＡという薬があるが、それは血栓を溶解するものの、損傷した神経細胞には作用しない）。そしてこの疑問についてくわしく調べるうちに、粛然とさせられる結論に行き着いた。無意識のバイアスが、研究のあらゆる段階で科学者に生じる。たとえば、実験動物の適切な数を選ぶ段階、どの結果を採用してどの結果を単に不採用とするかを決める段階、最終的な結果を解析する段階などだ。どの段階にも相当の不確実性が入りこむ。マクラウドの話では、そのようなバイアスや間違いを合わせると、発表されている研究のなかで正しいものは約一五パーセントしかないかもしれないという。多くの場合、報告された効果は、実際にあるかもしれないとはいえ、その研究で結論づけられているよりかなり弱い可能性がある。

研究の再現失敗率の推定値はたいてい、経験に基づいて得られている。この問題の規模を直接測ろうと試みた研究が、ごく少数ながらある。MDアンダーソンがんセンターの科学者たちが同センターの同僚たちに、研究の再現に苦労したことがあるかと尋ねた。それに対し、上級研究員の三分の二が「イエス」と答えた。[5]論文の結果と自分が追試した結果の食い違いが解決されたかという問いに対して、解決されたと答えたのは約三分の一にとどまった。「科学の知識や進歩が、査読済みの論文、すなわち知識と『見なされるもの』の入手に不可欠な情報源に基づいていることを踏まえれば、この結果はきわめて気がかりだ」と、この調査結果を論文で発表した著者らは書いている。

アメリカ細胞生物学会が二〇一四年、会員にアンケート調査を実施したところ、回答した会員の七一パーセントが、発表された研究結果をいずれかの時点で再現できなかったことがあると答えた。[6]ここでも、再現に失敗した研究のうち、四〇パーセントで食い違いが解消されず、三分の二については、科学者たちは、元の論文に載っていた研究結果が嘘だったたか、「専門知識ないし厳密性の欠如」によって結果に不備があったのだろうとにらんでいた。なお、アメリカ細胞生物学会はこの調査結果について、次のような重要な但し書きを加えている。調査した八〇〇〇人の会員のうち、回答したのは一一パーセントだけだったので、調査結果の数値に説得力はない、と。とはいえ、『ネイチャー』誌は二〇一六年に一五〇〇人以上の科学者を調査し、よく似た結果を得た。回答した科学者の七〇パーセント以上が実験を再現しようとして失敗し、約半数が再現性の「重大な危機」があるということに同意したのだ。

鈍化する新薬の開発

これらの懸念が、ないがしろにされているわけではない。アメリカ国立衛生研究所（ＮＩＨ）の一号館にある所長室から、所長のフランシス・コリンズと副所長のローレンス・タバックは二〇一四年、『ネイチャー』誌にコメント記事を書き、再現性に関する「この懸念をわれわれも抱いている」と表明した。[7]長い目で見れば科学は自己修正システムだが、二人はこう警告している。「短期的に見れば、かつては科学の厳密性を守っていた抑制と均衡がぐらついている」。アメリカ食品医薬品局（ＦＤＡ）のジャネット・ウッドコックは、さらにずばりと言った。「科学界は全面的にめちゃくちゃだと思います」。ウッドコックの話では、アムジェンなどの製薬企業は、たいてい創薬プロセスの早い段階で問題に気づき、お粗末な科学研究の排除に取り組む。だが、たとえば希少疾患の治療薬を研究している大学の科学者による実験など、「学術研究機関でなされた実験をわれわれ（規制当局のＦＤＡ）が利用しなくてはならないこともあります」。「すると、ひどい問題にしょっちゅう突き当たります」とのことだ。新薬候補の開発が、より厳密な薬物試験体制が整っている段階に進むと、九割は脱落する。ウッドコックはその理由として、基礎となる科学研究が厳密でないことを挙げた。「それは、設計した航空機の一〇機に九機が空から落ちたというようなものです。あるいは、建設した橋の一〇本に九本が崩れたという言い方もできます」。ウッドコックは、この思いつきの荒唐無稽さに頭をのけぞらせて笑った。ただ、ひとしきり笑ったあと、まじめな口調に戻ってこう言った。「信頼できる厳密な科学が必要です」

ジョンズ・ホプキンス大学ブルームバーグ公衆衛生学部のアルトゥーロ・カサデヴォールも、同じ懸念を抱いている。「人類が迎えるこれからの数百年は、本当に厳しいものとなります。これはどうしようもありません」。カサデヴォールは、急増する人口によって食料や水などの基本的な資源に重圧がかかる将来を見据えていた。過去数百年にわたり、驚くほどの人口増加にもかかわらず、人類はなんとか着実に生活を向上させてきた。「科学革命のおかげで、人類はマルサスが唱えた人口増加の危機を幾度も回避してきました」とカサデヴォールは述べた。これからの数百年を切り抜けるためには、「科学が最大限、力を発揮することが求められます。ですが基本的に言って、今はそうなっていないと思います」。

進歩の鈍化は、特に生物医学ですでに現れている。カサデヴォールの推測によれば、一九五〇年から一九八〇年までの医学の進展は、それ以降の三〇年間よりはるかに大きかった。血圧降下剤や抗がん剤、臓器移植、そのほか世の中を変える数々の技術を考えてみるといい。それらはすべて、一九八〇年以前に登場した。カサデヴォールには九二歳の母親がいる。彼女は、先進国で健康が着実に改善してきたことを示す「歩く証（あかし）」だ。彼女は六種類の薬を服用している。そのうち五種類は「私がベルヴュー病院で研修医をしていた一九八〇年代はじめにも使われていました」。では、もう一種類の新しい薬は？　胸やけ用の薬だ。「現在わかっていることからすれば、医療はもっと進んでいてよいはずだと思うでしょう。なぜそうではないのでしょうか？」

新薬の承認率は一九五〇年代から下がり続けている。二〇一二年、ジャック・スキャネルらは、新薬開発状況が悪化の一途をたどっていることを表現するため「イールームの法則（Eroom's law）」という言葉を作った。[8]「イールーム（Eroom）」は「ムーア（Moore）」の綴りを逆にしたものだと彼らは説明した。ムーアの法則は、コンピューター・チップの性能が指数関数的に向上することを示しているが、製薬産業は逆行している。その傾向を一九五〇年を起点として延長すると、新薬開発は基本的に二〇四〇年で止まることになる。それ以降は、開発費が果てしなく増大するのだ（そうした予測は間違いなく悲観的すぎるとはいえ、印象的な点を突いている）。一九九〇年代なかばに起きた唯一の注目すべき進展は、エイズ治療薬の開発がなかなかうまく進んだことだ（創薬状況は、スキャネルらの分析が二〇一〇年に終了したのちにささやかながら改善した）。

彼らによれば、イールームの法則が生まれたのは、経済と歴史と科学の傾向の組み合わせにあるという。スキャネルは、生物医学研究における厳密性の欠如が重要な根本要因だと私に語った。

臨床試験に望みを託す患者

サリー・カーティンは、その影響をじかに被った。危機が襲ってきたのは二〇一〇年二月五日だ。サリーがメリーランド州東部の自宅で一階に降りていくと、五八歳の夫レスター(愛称「ランディ」)が意識を失って倒れていた。サリーと救急隊は猛吹雪のなか、苦労してランディを病院に運んだ。ランディの診断が出るまでに四日かかった。結果は、これ以上ないほど悪いものだった。ランディには脳腫瘍の一種である多形性膠芽腫(こうがしゅ)があったのだ。

サリーとランディはアメリカ国立保健統計センター(アメリカ疾病管理予防センターの一部門)で働いていた。ランディは、統計上の問題で困ったときの相談相手として同僚から頼りにされていた。ランディの生存確率という話になったとき、医師たちはカーティン夫妻にその数値を見ないように告げた。だが、「私たちは数値重視の人間ですからね」とサリー・カーティンは語った。「真っ先に数値を見ました」。多形性膠芽腫と診断された患者の半数は余命が一五カ月未満しかなく、患者の九五パーセントが五年以内に亡くなる。

「『膠芽腫』などという言葉は聞いたこともありませんでした。こんなに致死性が高く、五〇年間で治療法に進歩のなかったがんがあるなんて、現実とは思えませんでした」とサリーは話した。毎年およそ一万二〇〇〇人のアメリカ人が、このがんにかかる(この病気で亡くなった著名人の一人が、上院議員だったエドワード・ケネディだ。ジョー・バイデン前副大統領も息子のボーを膠芽腫で亡くした)。たとえそうでも、カーティン夫妻は逆境に打ち勝てればと望んだ。そして、

ＮＩＨが実施する三つの臨床試験に参加することにした。それらは実験的な治療法で、がんの増殖が食い止められることを二人は望んだ。しかし、どれも効果がなかった。それどころか、ある治療法を試した短期間のうちに腫瘍は四〇パーセントも増殖した。

最悪なのは、この病気が知性に恵まれた人の脳を襲っていたことだ。「長女がそれを最も巧みに言い表しました。水が怖い人に、あなたは溺れて死ぬと告げるようなものだ、と言ったのです」。治療選択肢が尽きたため、ランディはメリーランド州ハンティングタウンの自宅に戻り、緩和ケアを申しこんだ。サリーの話では、病気が進むにつれてランディは幻覚を見るようになったという。ランディは家具を叩き壊し、一度などテレビを壊した。「夫は息子たちを縮みあがらせました」。一家には九歳のダニエルと一一歳のケヴィンがいた。「私たちに悪態をついたり腹を立てたりするなんて、夫らしくありませんでした。ただ、正気を失っていたのです」。それは腫瘍が増殖したせいだ。ランディは七カ月間持ちこたえたが、次第に動揺を募らせ、絶えず痛みに苦しめられるようになった。最期が近づいたとき、ランディはモルヒネの過剰投与をサリーに求めたが、サリーにはランディの命を奪えなかった。とうとうランディは昏睡状態に陥った。あるとき、ランディは発作を起こして目を覚まし、正気を取り戻してサリーに言った。「愛してる」。それが、ランディが妻にかけた最後の言葉だった。五日後、ランディは息を引き取った。六〇歳の誕生日を迎えたばかりだった。

サリーはこの話を、力強く決然と語ってくれた。ランディが亡くなって八日後に葬儀がおこなわれた。そのときにどうしても言葉を述べたいと申し出た、とサリーから聞いても私は驚かなかった。自分は落ち着きを保っていられたと、彼女は語る。現在五〇代前半の彼女は、未亡人にふさわしいとされる生き方について理解しようとしているところだ。

六五〜八〇パーセントが失敗するがんの臨床試験

膠芽腫は、生物医学がぶつかっている、より広範な課題を垣間見せてくれる。長年のあいだに、この病気に関する論文が二万五〇〇〇本以上発表されてきた。ＮＩＨは脳腫瘍の研究に年間およそ三億ドルを費やしている。膠芽腫の生物学的メカニズムの理解は多少深まったが、ともかくそこから効果的な治療法は見出されていない。それは一つには、研究室で実験される細胞や動物が、人間の疾患モデルとしてよくないからだ。また、研究の失敗率が高いことは、実験的な治療を人間で試す試験の一部で厳密性が欠けていることも反映しているかもしれない。

テンピにあるアリゾナ州立大学のアナ・バーカーは、スコアをつけている。彼女の明るい会議室のドアには、細かい字で埋め尽くされたポスターが貼られており、離れたところからでは文字が読めないほどだった。バーカーの話では、ポスターには多形性膠芽腫を対象として実施された二〇〇件の臨床試験結果が列挙されている。試験はことごとく失敗に終わった。そして、がん研究全体の成果もあまりかんばしくない。「おそらく、腫瘍学分野でおこなわれた試験の六五〜八〇パーセントが失敗です」と彼女は話した。「無駄になったお金を見てください。信じがたい額です」。バーカーは個人的に、これを何とかしたいという情熱を抱いている。「結局、私は家族全員をがんで亡くしました。考えてみたら、かなりすごいことです」。バーカーが一二歳のとき、祖母が膵臓（すいぞう）がんで亡くなった。「それが、がんの研究をしたいと思った理由です。でも、大きくなるまではわかりませんでした……きょうだいも、母も、父もがんで失うことになるなんて」

アリゾナ州に来る前、バーカーはアメリカ国立がん研究所の副所長を務めていた。その研究所で、彼女はがん研究に伴う一つの大きな問題を見た。科学者たちが多くの研究で、十分な厳密性をもって取り組んでいなかったことだ。それぞれの科学者が自分なりのやり方で研究していたが、それらは標準化されておらず、実験が再現できないこともしばしばあった。それが今日の生物医学の文化だ。要するに、研究者は個人起業家で、めいめいが問題の一部に張り切って取り組んでいる。バーカーは、残念ながら研究の質はピンキリだと話す。さらに、どの研究が信じられるのか、信じられないのかを知る方法はたいてい存在しない。特に、各自が独自の方法を用いている複数の研究室から出た結果を総合的に評価しようとするときには、それが障害となる。

「誰もが、『それは私の問題ではありません』と言います」とバーカーは語った。「でも、それは誰かの問題でなくてはなりません。説明責任はどうするのですか？　アメリカ国立がん研究所では大金を費やしました。予算は年間五〇億ドルでした。はした金とは言えない投資です。もし、ここが出すデータの大半が再現できないとなると、研究はアメリカの納税者の役に立っているのでしょうか？」。バーカーは不安を覚えながら科学雑誌を読む。「載っているデータを信じてよいのかどうか見当がつきません」と彼女は言った。バーカーはかなり前から、どうして生物医学がこんな事態に陥ったのかを真剣に考えてきた。そして、この機会を捉えて改革を断行する方策について確固とした考えを持っている。彼女は現在、いくつかのアイデアを試しており、膠芽腫の治療に革命を起こそうとしている（くわしくは第9章を参照）。

間違った研究に群がる科学者たち

バーカーが科学文献を用心深く受け止めるのには、もっともな理由がある。好奇心をそそる科学的発見の報告がなされると、科学者たちはすぐさま時流に乗る。そのとき、元の研究結果が本当に真実なのかを考慮しないことも少なくない。代表的な例を紹介しよう。一九九九年から二〇〇〇年にかけて、数人の科学者が驚くべきことを主張した。骨髄幹細胞が自発的に肝臓や脳といった臓器の細胞に変われる、と発表したのだ。(9)「分化転換」と呼ばれたその現象は、またたくまに熱狂を巻き起こした。なぜなら、その時点までは、研究用の幹細胞を人間の胚から採取しなくてはならなかったからだ。分化転換によって、不安要素のはるかに少ない手法が得られそうだった。それからまもなく科学文献には、このかなり注目すべき研究結果を裏づける数十本の論文が載り、いつのまにかそのような論文は数百本に増えた。一部の科学者は、それまでの研究をやめて分化転換の研究に時間をかけ始めた。

ところが、この流れに冷や水を浴びせる一報が、スタンフォード大学のアーヴィング・ワイスマンの研究室で働くエイミー・ウェイジャーズからもたらされた。まず、ウェイジャーズはマウスに放射線を当てて骨髄細胞を殺したのち、別のマウスから取り出した一個の骨髄幹細胞を注入した。その細胞は、緑色の蛍光で光るようにした。その細胞は確かに分裂し、さまざまな骨髄細胞を作り出した（これは幹細胞の通常の振る舞いなので、驚きではない）。だが、以前の実験で主張されたように腎臓や脳、肝臓、消化管、筋肉、肺の細胞に分化転換することはなかった。二回目の実験で、ウェイジャーズは数対（ペア）のマウスの循環系を手術でつないだ。それぞれのペアの一匹には、あの緑色に光る細胞を入れておいた。そして六〜七カ月間観察した。ウェイジャーズらは受容側のマウスで数百万個の細胞を調べたが、分化転換を裏づける証拠はやはり見つからなかった。確かに、いくつかの細胞はたまたま緑色に変わったが（この点には、ほかの科学者も以前の研究で気づいていた）、それは細胞が互いに融合したからであって、根本的にほかの細胞に変わったわけではなかった。分化転換については、これくらいにしよう。二〇〇二年、ウェイジャーズは、科学論文で用いられることが多い控えめな表現で、分化転換は骨髄で見つかる正常な幹細胞の「典型的な機能ではない」と結論づけた[10]。

研究者のなかには、ウェイジャーズが見出したことをあっさりと一蹴し、分化転換に関する自分の研究結果を発表し続ける者もいた。アイデアを断念するのは大変なことかもしれない。とりわけ、それに科学者としての人生を賭け、時間や評判や費用を多く注ぎこんできた場合には。そして科学者たちは、自分の主張の裏づけになると思う結果を報告し続けた。それらはみな幻想だった。「これらの研究のほとんどが、再現性なしと判明した」と、テキサス大学サウスウェスタン医学センターのハワード・ヒューズ医学研究所研究員のショーン・モリソンは書いている[11]。当初は胸躍らされた研究結果は、実際には細胞が一つの種類から別の種類に変わることとは無関係だったというおもしろみのない説明に行き着いた。「この騒ぎは、研究が示唆するものの影響力によって多くの科学者が自分の実験で本当ではない結果を見てしまい、いかに一つの分野で自浄作用が働くのに年月がかかるのかを如実に示した」とモリソンは科学誌の論説で書く。そして、科学者はときおり「中心的なアイデアを一度も厳密に試験することなく」あまりにも突進したがると指摘して次のように述べた。「このような状況では、独断的な主張が砂上の楼閣のように生まれ、注意深い実験をするエネルギーとその結果を発表する勇気を持つ誰かが現れると、すべてが崩れ落ちることになりかねない」

再現性の危機

生物医学研究のこの問題を憂慮する科学者たちは、それを「再現性の危機」と呼ぶようになった。だがその表現では、実際に起きていることの本当の重大さが捉えられていない。科学的方法は、正しく用いられれば、単に一つの実験の実施に適用され、それが再現できるかを問うだけのものではない。科学的方法は、研究者が生物学的メカニズムや病気への理解を深めることを助けるものでもあるべきだ。特定の発見が、まったく同じ材料一式を用いたときに再現できるかどうかがわかるだけでは十分ではない。科学者は、もっと広範な意味を持つ結果を見出したいと思う。生物医学研究の重要な目標は、人間の苦しみを和らげ健康を改善するために医学が介入できるよう、病気をもたらす基本的なプロセスを理解することにある。

そのためには、一つ一つの実験で厳密性が求められる。そして生物医学は今、厳密性の欠如に見舞われている。だが、それらの結果をより広い文脈のなかに置く厳密な考えや洞察も必要だ。もちろん、厳密性を測る一つの方法は、最初の根本的なステップを見ること、つまり個々の研究が再現できるかどうかを試すことだ。それが、グレン・ベグリーの論文が痛いところを突いた一つの理由である。そして、それが大騒ぎを巻き起こしたにもかかわらず、ベグリー（それにしばしば研究者本人たち）が再現できなかった四七本の論文を発表した四六の研究室が沈黙を守っているのも注目に値する。「それらの論文で、あれから撤回されたものは一つもありません」とベグリーは話した。「誰も、データが違っていたと述べる続報を出していません。ですから、おそらくみな、最初はうまくいったが二回目は何かがうまくいかなかっただけだと思ったのでしょう。研究者たちの多くは、すでに別の研究テーマに取りかかっていました。学術研究機関ではよくあることです。彼らは、次のプロジェクトが何だろうと、それに向かっていました。したがって、ほとんどのケースで、黒白はっきりさせたいという願望はなかったわけです」。企業では、新薬に結びつくアイデアを探究すると、すぐに研究費が莫大な額に膨らみかねない。「ですから、追試もせずに一億ドル使うことを正当化できるとはとても考えられません」

ベグリーが追試プロジェクトに乗り出したとき、アムジェンは個々の科学者と秘密保持契約を結び、彼らの身元を明かさないと約束した。それは、科学者たちが決まり悪い思いをしないように気を配ったからだ。それを理由として、ベグリーの研究を批判する科学者もいる。じつのところ、再現性に関するベグリーの報告は再現できない！　なぜなら、ベグリーの論文に載っているのと同じ実験を選んでその再現を試みることは、誰にもできないからだ。ベグリーは、秘密が自分の研究の大きな欠点だとする批判者たちに同意する。その情報を開示できるのは、元の論文の著者たちだけだとベグリーは語った。「そして、彼らはそうしないことを選んだのです」

「私はこの分野に人生を投じてきましたので、これはとにかくショッキングでした」とベグリーは話す。「それ以来、できる限りのことをしようとしてきました。これによって科学研究のおこなわれ方が本当に変われればと願っています」。再現不可能な実験結果に関する論文が話題をさらったあと、ベグリーはある博士研究員(ポスドク)から連絡を受けた。欠陥のある実験をした研究者が誰なのか教えてほしいと泣きつかれたのだ。その若い科学者は、ベグリーが取り上げた研究のいずれかを基にしたプロジェクトに自分が取り組み、時間を無駄にしているのではないかと心配していた。ベグリーは、研究者たちと結んだ契約があるため彼らの素性を明かすわけにはいかないと説明したが、ポスドクから問われたことに対して穏やかでない気持ちになったのは確かだ。ベグリーなりにたどり着いた答えは、『ネイチャー』誌に続報のコメント記事を書くことだった。それが「疑わしい研究を見分けるための六つの危険信号」という記事だ[12]。そのなかでベグリーは、過去に出くわした回避可能な過ちのなかで最も起こりやすい六つをリストにした。これは、ここで改めて紹介する価値がある。というのは、この六つは生物医学研究できわめてよく認められる欠点であり、それらによって再現性の問題がかなり説明できるからだ。では、研究者が問いかけるべき項目を以下に挙げよう。

①実験は盲検でおこなわれたか？　つまり、科学者は実験をしているときに、どの細胞や動物が試験群で、どれが対照群なのかを知らない状態だったか？
②基本的な実験は再現されたか？
③すべての結果が提示されているか？　研究者は、よさそうに見える結果だけを選んで失敗したほかの実験を無視し、結果をゆがめることがある。
④陽性対照群と陰性対照群が設けられていたか？　これは、比較のために実験を並列でおこなうことを意味する。すなわち、科学者が立てた仮説が正しければ期待される効果を示す群と、期待される効果を示さない群が実験に含まれているかということだ。
⑤適正な材料が確実に用いられていたか？
⑥統計的検定は適切だったか？　生物医学の研究者は、データ解析時に間違った方法を選ぶことがよくあり、そのせいで研究全体が台無しになることもある。

このリストは、「二回測ってから切る」という大工の格言と同様、科学者が肝に銘じるべきことだ。しかし残念ながら、こうしたルールが適用されないことがある。生物医学研究でキャリアを積む訓練は場当たり的なプロセスであり、正式な課程はほとんどない。みな、善かれ悪しかれ指導者から学ぶ。分野によっては、これらの常識的な基準に従う伝統がそもそもないこともある。たとえば、マウスの実験をしている科学者は、マウスを自分の研究で試験群と対照群にランダムに割り当てることが重要だと考えるかもしれないし、考えないかもしれない。そして、たとえ科学者がこれらのルールに従ったとしても、再現可能な結果を出すのに失敗することもある。生物医学研究は、最上の条件下でおこなっても難しい。

第2章　無数の落とし穴

生命現象は目に見えない

立ち止まって考えてみると、実験科学は一風変わった活動だ。昔ながらの見方をすれば、研究では科学者が、まず刺激的なアイデアを思いついたり興味をそそる現象を観察したりする。それから、優れた科学者は次に、自分のアイデアが間違っているという証拠を積極的に探す。だが、自分の思いついた一見すばらしい考えを捨てるのは、何と惜しいことか。それが、人間の本質と科学研究のプロセスが衝突する最初のポイントだ。天才的な物理学者リチャード・ファインマンは、こう述べている。「最初の原則は、自分で自分を欺かないことだ――自分は最も欺きやすい相手である[1]」

そうした不安定な科学界を渡っていく科学者は、そのあといっそう困難な課題にぶつかる。研究資金の獲得や昇進、論文発表、名声などが懸かった、アカデミック科学界における現実の人間関係のなかをかき分けて進まなくてはならない。そこには邪な動機が満ちており、自分のおもしろいアイデアを掘り下げてそれが本当に間違っていないかを確かめる意欲が萎えてしまう。今日の生物医学研究における問題の多くは、しばしば科学者が意図せず標準的な手法から逸脱したときに起こるので、健全な科学が本来どう機能するのかを見ていくのは価値がある。よい手法とは、単にアイデアを試すものではなく、科学者が自分を欺かないようにするのを助けてくれる。

注意深い科学研究がなされた歴史は、驚くほど浅い。一七世紀以前、当時「自然哲学者」と呼ばれた科学者は、作り話と事実を区別するため権威者の言葉に頼ることがよくあった。何百年にもわたり、ヨーロッパの知識人は、すべての知識はすでに存在しており、自分たちの仕事は、究極の権威と見なされたギリシャの哲学者アリストテレスの著作を単に解釈することだと思いこんでいた。それからガリレオ（一五五四〜一六四二）の時代になって、そんな体系にひびが入り始めた。自然哲学者は、真理を探究するため思いきって自ら実験をおこなった。彼らは、ナイフで傷がついたらナイフに軟膏を塗ると治るという通念をはじめ、奇妙に思えた「事実」を調べた。そして、「奇妙な」事実を吟味するには追試してみればよいということに気づいた。それについては、デイヴィッド・ウットンが著書『科学の発明（*The Invention of Science*）』で説明している。[2]

ガリレオが一六四二年にこの世を去ったあと、フィレンツェに設立されたある学会が、「試験して、ふたたび試験せよ（プロヴァンド・エ・レプロヴァンド）」を標語に採用した。会員たちは、自分の見出したことを『自然科学実験論文集』で公表した。科学出版物の誕生である。まもなく、イギリスの哲学者フランシス・ベーコンが科学的方法を次のようにまとめた。仮説を立て、試験法を考案し、データを集め、解析して再考し、最終的により広範な結論を引き出す。そのような手順は、物理学領域の再現しやすい実験（真空ポンプと気体に関する研究など）を検討しているときにはかなりうまくいった。しかし、生物学ははるかに骨の折れる分野である。なぜなら、変量の数が多く、自然なばらつきもずいぶんあるからだ。生物現象を観察するのはより困難だし、個人的なバイアスが入りこまないようにするのもより難しい。

それを物語る思考実験をしてみよう。あなたは、森のなかで窓のない家に閉じこめられているとする。昼か夜かもわからないし、外の温度も感じ取れない。だが、手元には確かな時計があり、鳥の声は聞こえる。綿密に記録をつけると、どの種類の鳥が歌っているのか、いつ歌っているのかを示すパターンが次第にわかってくる。当然、自然なばらつきは非常に大きい。春の到来が遅かったり冬が短かったりするなど、年によってパターンが狂う。それでも最終的に、あなたは季節の移り変わりに気づき、一年がめぐる長さを割り出せる。もちろん、ドアを開け放って活気づく実際の自然を満喫できるほうがはるかによいが、それは今の思考実験では論外だ。あなたは推論のみから結論を導かなくてはならない。同様に、生物医学研究者が研究対象を直接見ることはめったにできない。生命現象は主として化学反応であり、化学反応のほとんどは目に見えないからだ。それに、生きた細胞は環境の微妙な変動によって変化し、そのような変化の区別も難しい。

だがやがて、間接的証拠に基づく推論から全体像が徐々に浮かび上がる。

「実際の話、直接観察というものは、ほとんどありません」とスタンフォード大学のスティーヴン・グッドマンは述べた。「どの科学的観察も、何らかの機器や手法を通してなされます」。そのようなツールには、電子顕微鏡、臨床試験——試験に参加する人間集団を観察する機器が用いられる——、統計的手法などがある。というわけで、最初に持ちあがる疑問がこれだ。あなたが用いるツールは、正確な答えを出すと信頼できるか？　「それで、すべてが適切におこなわれたと信じることができないなら、研究結果を信じることはできません。つまり、あなたが『見る』ものを信じられるかどうかは、用いている機器や手法をどれだけ信じられるかにかかっているのです」。科学者は単に明白な事実を測定しているのではないし、用いるツールが外科用メスのように切れ味鋭いことはまずない。前述の思考実験で言えば、鳥の歌声を観察しても、一年の長さが三六五・二五日というところまで正確には決して突き止められないだろう。それでも、まずいアイデア（たとえば、一年は一〇〇日だといった仮説）は時の試練に耐えられないはずだ。

「実験は自然との会話であり、自然に問いを投げかけて答えに耳を澄ますようなものだと考えていいかもしれない」と、イェール大学のマーティン・シュウォーツは小論に書いている[3]。このプロセスは、どうしても個人的なものになる。なぜなら、科学者は問いを発して自分で答えを解釈するからだ。シュウォーツによれば、このプロセスでは判断をくだす段階が必ず訪れ、そのとき科学者は公平無私に徹するのが賢明だという。「仏教ではそれを『無執着』と呼ぶ」とシュウォーツは書いた。「私たちはみな、希望、欲求、野心を持っている。無執着は、そのような気持ちを認めて受け入れたうえで、ある程度自分と関係のないプロセスにそれらが入りこまないようにするということだ」

このプロセスから、すんなりと受け入れられるようになる観察結果が生み出されることもある。たとえば、ジェームズ・ワトソンとフランシス・クリックは、染色体に含まれているDNAが二重らせん構造であり、遺伝子がはしごの横木を構成する単位〔四つの塩基（アデニン、チミン、シトシン、グアニン）の二つが対になったもの〕でコードされていることを発見した。この観察結果は正しいとはっきり認められており、それは科学関連の産業や研究分野全体の基礎となっている。DNAの構造を疑問視する者は誰もいない。一つには、その有用性が証明されているからだ。しかし、はるかに多くのアイデアが、真実が定かではない領域にいつまでも残っている。一つまたは複数の研究室で、さまざまな研究結果が見出されるかもしれない。だが、それらは自然を明確に記述するものとして簡単には認められるようにならないし、病気の治療法につながる有用な洞察に結びつきもしない。すばらしいアイデアが頂点に登りつめ、まずいアイデアが底に落ちるまでには長年かかることもある。そして、ある研究室が出した実験結果が別の研究室からの実験結果と食い違う場合、「すばらしい」と「まずい」のあいだの領域は広がりうる。研究がきちんとおこなわれれば、このプロセスによって生命の仕組みに関する深い洞察が得られ、健康の維持や病気の治療に向けた新しいアイデアにつながることがある。だが、世界でトップクラスの科学者にとっても、自分が自分を欺いていないかどうかを知るのは絶えず続く苦闘だ。

問いかけ方で変わる答え

老化やがんに関与するテロメラーゼという非常に重要な酵素の話は、この点を如実に示す。一九八〇年代のことだ。カリフォルニア大学バークレー校の大学院生キャロル・グライダーは、指導教官のエリザベス・ブラックバーンとともに、池などに棲むテトラヒメナという変わった小さな単細胞生物について研究していた。二人は、滴に毛が生えたような形のこのちっぽけな原生動物が、分裂するときに「テロメア」と呼ばれる染色体末端部のDNAをどうやって補充するのかを解明しようとしていた。細胞が分裂するときには、細胞核内の染色体も複製される。だが、細胞分裂が起こるたびに、染色体末端にあるDNAがだんだん短くなっていく。それは些末なことに思えるかもしれないが、染色体の端は、私たちの知る生命には欠かせない。それで、生物が染色体の端をどうやって補充できるのかは誰にもわからなかったが、グライダーは一九八四年のクリスマスに、それができそうな酵素をテトラヒメナで発見した。

「私たちは『ねえ、あらゆる証拠を見つけて、これが新しい酵素であることを示せるようにしましょう』とは言わず、逆のことを問いかけました」と、グライダーは話した。「『どうすれば自分たちの仮説が間違いだと証明できるかしら?』と」。グライダーは、染色体の端でDNAの修復を担っているものがほかにないか探し始めた。実質的に、自分が自分を欺いていないかどうかを突き止めようと取り組んでいたのだ。彼女はこの話を学生にするとき、自らの仮説の間違いを証明するために講じたさまざまな手だてをすらすらと言ってのける。「いろいろやったのは、自分が間違っていることを他人から指摘されるよりは、むしろ自分で示したほうがよいと思ったからです」。グライダーとブラックバーンは研究に不備がないかを丸一年かけて調べ、ついに論文を発表した。グライダーの結論は時の試練に耐えただけでなく、彼女のたゆまぬ努力のおかげで、二人は二〇〇九年にノーベル生理学・医学賞を共同受賞した。

テロメラーゼの発見は、科学研究が正しくおこなわれた模範的な例だ。しかし、この酵素に関する研究は、競合する複数のアイデアを選別して分野を前進させる難しさも見せつける。今では何百人もの科学者が、生体や病気におけるテロメラーゼの役割を理解しようと奮闘している。そして、発表される知見の多くが論争の的になる。数年前、グライダーがテロメラーゼに特化した学会に参加したとき、誰かがこう言い切った。「この分野で発表されていることの半分以上が、どう考えても真実ではないと思われます」。グライダーは同意した。彼女の指導教官だったエリザベス・ブラックバーンは、瞑想によってテロメアを長くして寿命を延ばせる可能性を示唆する論文を発表している（ブラックバーンは、テロメアの長さを測定する会社も設立した[4]）。グライダーはその常識的でないアイデアを話題にすることを丁重に辞退したが、疑わしいと見なすほかのテロメア研究分野について話してくれた。

じつのところ、グライダーは自分の研究室で多大な時間と費用をかけて、ほかの科学者が見出したことを吟味している。あるとき彼女は、テロメラーゼを構成するテロメラーゼ逆転写酵素（ＴＥＲＴ）という酵素に関する注目の論文を出した科学者の主張をくじいた。スタンフォード大学のスティーヴン・アータンディらは、マウスの遺伝子を操作してＴＥＲＴが過剰なマウスを作り出し、そのようなマウスでは毛がふさふさすることを発見した。[5] これはテロメアとは関係なさそうだったので、スタンフォード大学の研究グループは、ＴＥＲＴが細胞内で別の役割を果たし、染色体の端とは関連がない遺伝子のスイッチを入れたり切ったりすると提唱した。毛の成長は一つの例にすぎなかった。ほかの科学者たちが、ＴＥＲＴはほかにもさまざまな遺伝子のスイッチを入れたり切ったりできるという考えを提案した。

グライダーとともに働くジョンズ・ホプキンス大学医学部の医師仲間メアリー・アーマニオスは、欠陥のあるテロメラーゼに起因する病気の患者を治療している。グライダーとアーマニオスは、研究対象の病気がこれらの驚くべき新しい研究結果のいくつかと関連があるかもしれないと考えた。そこでグライダーは、スタンフォード大学から出された結果の検証実験をした。実験ではまず、テロメアが並外れて長いマウスの系統を用意した。それらのマウスは、テロメラーゼがなくても数世代にわたって健康を保てた。グライダーは次に、これらのマウスからＴＥＲＴ遺伝子を除去し、テロメラーゼが働かないようにしたうえ、ＴＥＲＴに関連するほかの機能もすべて破壊した。それでも、これらのマウスは数世代にわたって健康でい続けた。その観察結果から、グライダーはスタンフォード大学の科学者たちとは反対に、ＴＥＲＴは遺伝子調節で不可欠な役割を果たしているのではないという結論に達した。[6] ＴＥＲＴはテロメラーゼの構成要素として欠かせないにすぎないのだ。

というわけで、これが、生物学の二つの強力なアプローチによって二つの異なる結果が生み出される例だ。どちらのアプローチも完璧ではない。マウスでＴＥＲＴを過剰に産生する手法は理想的ではないが、マウスである遺伝子を破壊することも同様に理想的ではない。「それは再現性の問題ではなく、生物学的メカニズムの解釈や理解の問題です」とスティーヴン・アータンディは話した。ＴＥＲＴは正常な組織で本当に遺伝子のスイッチを入れたり切ったりするのか？「それを証明したという確信はありません」とアータンディは認めた。「物事の証明には時間がかかります。ですから、結論はまだ出ていないと思います」。一方、グライダーの見方では、アータンディが新しいデータを出せない限り、この件は終わりだ。これはすべて、正常で健全な科学研究プロセスの一部である。

間違った手がかりを追いかける

キャロル・グライダーの研究室と同じく、コロラド大学ボルダー校のトーマス・チェックは、ほかの研究室が出した結果を覆すことだけで終わる研究に驚くほどの時間を費やしている。要するに彼は、新しいことを発見するのではなく、過去の記録を訂正しているのだ。たとえば、チェックの研究チームは、多くの実験でＴＥＲＴタンパク質の検出に用いられている市販のある抗体が、実際には宣伝どおりに働かないことを見出した。[7]指摘を受け、その抗体を研究室向けに販売していた会社は、同製品をカタログから削除したが、科学文献には、そのまずい抗体を使って得られたいい加減な結論の載った報告がたくさん残っている。このような論文は、この研究領域に十分に通じていない科学者にとっては地雷のようなもので、知らずにその報告を信じたら自分の研究が吹き飛ぶ恐れがある。おまけに、科学的知見が雪崩のごとく出版されていることを考えると、どの分野でも最新事情についていくのは気が遠くなるほど難しい。

ハワード・ヒューズ医学研究所時代の一九八九年にノーベル化学賞を別の研究者と共同受賞したチェックは、これについてすっかり達観している。チェックにとってこれらの話は、科学には強力な自己修正メカニズムが組みこまれており、最終的には真実が浮かび上がることを示しているにすぎない。だが、このような間違いの問題を取り上げるのは科学者にとって気まずいことでもある。あなたが批判する相手が「あなたの研究助成金を審査しているかもしれず」、あなたが研究助成金を受け取るに値するかどうかを決めているかもしれない、とチェックは話した。「彼らが、あなたに職を与えるかどうかの決定をくだすかもしれません。彼らは、あなたが発表したほかの論文を審査しているかもしれません。ですから、ほかの人びとの研究にあまりにも否定的になることについては慎重になる傾向があります」。この分野の重鎮として、チェックは遠慮なく本音を語る。「私には度胸がありますから、（学会で）マイクを取り上げて、『ハーヴァード大学のビルの研究を再現しようとしました。それで、その研究はまったく間違っていると思います』

と言えるんですよ」。そしたら六人くらいの人が手を挙げて、『その研究は間違っています。私たちもそれで一年を無駄にしました』なんて言いましてね。すると、それまで黙っていた人びとが急に立ち上がって『そのとおりです』と同意することがよくあります」

チェックが研究を始めたころは、そんなにも多くの間違った手がかりを追いかけることはなかったという。ノーベル賞を受賞した研究での実験は生物学というより化学寄りで、彼はＲＮＡが細胞内で生化学反応の触媒として働きうることを示した。「私たちはしばらくのあいだ、生物学関連のことを扱わずにすんでいました」とチェックは話した。しかし、生物学は化学よりはるかに気まぐれだ。そして彼の研究はだんだん化学から遠ざかっており、彼はこう語る。「私たちは今や本格的な生物学研究の暗い陰の部分を見ています。ですが、それはそういうことです」。他人の研究で間違いを見つけるのは「研究室にとって喜ばしいことではありません。それは後退を意味しますし、自分が正しいか彼らが正しいかという話なんて、ちっともおもしろくないですね」。彼の研究室に所属する一部のメンバーは、問題を片づける過程で少なくとも学べることはある、と語ってくれた。間違いの発見に対して「彼らはとても寛大です」とチェックは言った。「本当のところ、それはある意味で苦痛なんですけどね」

失敗は成功のもと、という思いこみ

科学者が生物医学研究における厳密性や再現性の問題になかなか気づかない理由の一つは、研究には失敗がつきものだからだ。そのため、慎重な研究者はたくさんの「発見」を間違いだと思う。研究者は日々、自分の研究室で間違いを目の当たりにする。ほとんどの実験は、ただ単にうまくいかない。実験室で三割の成功率を叩き出したら驚異的だ。この哲学を先頭に立って唱えるのが、コロンビア大学の生物学者で『失敗――なぜ科学研究はそれほど成功するのか（*Failure: Why Science Is So Successful*）』を著したステュアート・ファイアスタインだ。彼は、研究者が何かを試し、失敗し、失敗から学ぶことでのみ科学は前進すると主張する。

ファイアスタインの主張によれば、もしすべてがまさしく予想どおりにうまくいけば、科学者は自分のしっぽを追いかけているだけであり、新しいことを発見するというより今あるアイデアを補強するだけだという。失敗や無知が科学を前進させる、とファイアスタインは説く。多くの人がその点には同意するだろう。ファイアスタインは科学に備わっている自己修正能力の美点を絶賛する。もちろん、論文になる多くの研究結果が、結局はがらくただとわかる。「これは問題ではなく、むしろ実験検証プロセスの正常な一部だと私は見なす」とファイアスタインは述べる。彼は次のようにも書いている。科学者が自分の研究結果の正しさを確かめるために時間をかけすぎると、論文発表が遅くなって「事実上、ぽつりぽつり」としか出なくなる、と。それでも、やはりそれらの研究結果に間違いがあると判明するかもしれない。何が正しくて何が間違っているのかを突き止めるのは、何かを主張する科学者だけでなく科学界全体の務めだ。

しかし、ファイアスタインは失敗を熱心に擁護するなかで、同僚たちから理解されにくい領域に足を踏み入れる。彼は、グレン・ベグリーがアムジェンで調べた五三本の論文のうち六本の研究だけが再現できたことをまったく申し分ないと考える。「これは、わずか一一パーセントで『気の滅入る』再現成功率と見なされている。それは気の滅入る低さか？　画期的な論文の再現成功率が一一パーセントというのは、大当たりではないと本当に思うか？　アムジェンが、社内の科学者が出したデータを入念に調べたら、再現成功率は一一パーセントより高いのだろうか？　あるいは、それより低いのか？　そして、アムジェンはそれら六つの新しい発見に対して金を支払ったか？　何も支払っていない。一ペニーも」。ファイアスタインは続いて、「この気の滅入る成功率とやらが、少数の批判者による、やけに熱心で、科学が堕落して科学界は中心部が腐ったと下劣に暗示する批判を生んできた」と著書『失敗』に書いている。[8] 明らかに、研究の失敗に対する彼の見方はほかとは違うわけだ。

　科学の取り組みがたいてい自己修正するという点に疑問の余地はないが、それは長い目で見た場合だ。時間と金がいくらでもあるのなら、通常は玉石混淆（ぎょくせきこんこう）の研究論文から真実が浮かび上がってくる。誰も、絶えず起こる間違いのせいで科学が行きづまっていると主張しているわけではない。だが気がかりなのは、命に関わる病気を抱えている人びとが、自分の命が徐々に削られていくのをその目で見ていることだ。それに、アメリカ国立衛生研究所（ＮＩＨ）のために使われる税金が無限にあるわけではない。ずさんなある研究室でまずい使われ方をした資金は、代わりに、別の研究室における厳密な研究に投入することもできただろう。重要なこととして、生物医学研究で起こる多くの間違い――メラノーマ細胞に乳がん細胞のラベルを貼ることから、宣伝どおりに働かない抗体を購入することまで――が容易に防げることを、ファイアスタインは認識していない。私はアムジェンでの研究の失敗率についてベグリーに尋ねた。「実験の九〇パーセントは確かに失敗すると見ています」と彼は答えた。同社だけでなく、どの研究室でもそうだということだ。「私たちのビジネスは、失敗を管理することですから」。だがベグリーは、科学者の怠惰やいい加減な実験方法、まずい解析のせいで実験が失敗したら、「それは実験の失敗ではなく――実験者による失敗です」と述べた。そして彼の話によれば、再現できなかった何十もの研究で、彼は実験者による失敗を見たのだ。

研究者を振り回す二三五種類のバイアス

研究の日常的な課題の一つに、バイアスの影響をできるだけ避けることが挙げられる。バイアスは、科学研究でどんなに努力しても必ず入りこむ。なぜなら、バイアスにはえてして落とし穴が隠れており、科学者はどうしてもそれを見通せないからだ。というわけで、バイアスも科学研究の構造の一部である。そして、無意識のうちにバイアスが入りこむ可能性を挙げると、そのリストは尽きないかのようだ。二〇一〇年に生物医学分野の論文を調査したヴィッド・シャヴァラリアとジョン・ヨアニディスは、二三五種類のバイアスを挙げた[9]。そう、科学者が自分を欺きうる方法は二三五通りもあるのだ。専門用語を使えば、交絡バイアス、選択バイアス、思い出しバイアス、報告バイアス、確認バイアス、性別バイアス、認知バイアス、測定バイアス、検証バイアス、公表バイアス、観察者バイアス、そのほかまだまだある。バイアスは、たいていは意図的なものではないし、意識的なものでないことすらある。

一つの古典的な例として、科学者が長年、雄のマウスを好んで用いていたことがある。雄が選ばれた理由は、発情周期の影響がある雌のデータを扱うのはより困難だとわかったからだ。その後長い年月が経ってから、雄だけの研究によって実験結果の一部がひどくゆがめられていたことがようやく理解された[10]。報告バイアスも、生物医学研究ではよくある問題だ。科学者は、たとえ何かの効果があったという研究結果と同じくらい、効果がなかったという結果が重要な場合があるとしても、失敗した実験より「うまくいった」実験の結果を報告するほうがはるかに多い。その傾向によって生物医学文献が偏り、特定の薬にあるとされている効果がはなはだゆがめられて伝えられる公表バイアスが生じることがある。

観察者バイアスも大きな問題だ。興味をそそるアイデアを追求している科学者は、自分が期待するものをデータのなかで見てしまう傾向が強く、それだけで結果が完全にゆがめられる可能性がある。医学研究者は観察者バイアスを避けるため、二重盲検試験をすることがある。そのような試験では、被験者も科学者も、誰が薬を服用し、誰がプラセボを服用しているのか知らない。ＮＩＨ研究室での実験でも盲検化するのはよいことだが、盲検化は厳密におこなわれていない。ＮＩＨのケン・ヤマダによると、たとえば誰かが顕微鏡をのぞいていて細胞の形状について判断するといった、見てわかる状況では盲検化の実施が期待できる。しかし、動物実験をする多くの科学者は、わざわざ研究を盲検化しない（あるいは、するとしても、この重要な事実をあえて文献で報告しない）。ヤマダは、ここ数年で再現性の問題が騒がしくなったので、自分の実験を盲検化する必要性をはっきりと意識するようになったと語った。今では、自分の研究室でそれを強く訴えている。「盲検化をすると、手間が増えます。なぜなら、第三者を入れて盲検化しなくてはならないか、何らかのランダム化テクニックのようなものを用いる必要があるからです」と彼は述べた。それに、研究室の中立のメンバーを指名して盲検化に関わってもらうと、彼らが自分の研究プロジェクトに集中できなくなることもある。だから、盲検化は面倒なことになりうるが、「そうする価値は本当にある」という。

　バイアスは、研究しようとしている効果の測定や定量化がきちんとできないせいで生じることもある。ワイルコーネル医科大学のグレゴリー・ペツコは、アルツハイマー病を研究している。科学者はアルツハイマー病研究で認知能力の測定を望むが、ペツコは次のように話す。認知能力は「モノではありません……認知能力が何なのかもわかりません。ましてや、その測定法などわからないわけです。それは重大な再現性の問題です。そして、その原因は不正行為ではなく……むしろ自分たちが使おうとしているものに対する理解の欠如にあります」

　それでも、科学者は測定するモノを見つける必要がある。特に、薬に効果があるのかどうかを突き止めようとしているときには、測定対象が必要だ。そこで、彼らはしばしば小さな変化を探す。わずか一〇、二〇パーセントの変化でも、生物学的には重大な意義を持つことがある（体温のわずかな変化で悲惨なことになりうるように）。ただし、小さな影響を見るのはきわめて難しいことがある。とりわけ、変動の大きいものを測定している場合はそうだ。日々の通勤について考えてみるといい。車通勤なら、通勤時間は変わりやすいだろう。それはひとえに、交通事情による。別ルートのほうが早いかどうかを知りたくても、試行を何度も繰り返さないと、平均的にそのルートのほうが今のルートよりよいと確信できないかもしれない。

効果が安定しないだけでなく、測定機器の精度が悪いこともある。筋ジストロフィーはおもに男児がかかる病気で、患者は筋肉の制御がだんだんできなくなる。この病気を研究している科学者は、病気の進行具合や新薬候補の効果を調べるため「六分歩行試験」という測定法に頼るところが大きい。研究者は、病院の廊下にカラーコーンを二個置いて、若い患者にそれらのまわりを六分間歩くように求める。そして、六分間の歩行距離を測定する。当然ながら、子どもたちの歩行距離は大きく変わりうる。オハイオ州コロンバスにあるネイションワイド小児病院の研究者が、九人の少年に六分歩行試験に参加してもらった。少年たちが試験を終えて休んだあと、四人がランダムに選ばれ、「急いで、でも安全に歩いてください」と促された。残りの五人は、前回より長い距離を歩けたら五〇ドルあげると言われた。すると、金銭的動機づけがなされた少年たちのほうが、そうでなかった少年たちより、二回目に歩いた距離がはるかに長かった。[11] それは驚くほどではないかもしれないが、ワシントンDCのアメリカ国立小児医療センターで筋ジストロフィーを研究するエリック・ホフマンは、五〇ドルという金銭的動機づけが生み出した改善効果に仰天した。筋ジストロフィーを対象として開発が進められている、どんな薬の効果より大きかったからだ。ホフマンは、六分歩行試験はひどい測定方法だと述べた（彼は「ひどい」より辛辣な表現を使ったが、その言葉を繰り返してくれるな、と釘を刺した）。「それは、世界中のすべての新薬開発の拠り所となってほしいと思う試験ではありません」。それでも、もっとましな測定法がないため、六分歩行試験はそのじつ、標準であると認められている（それに薬の正式な研究では、少年たちが五〇ドルで誘惑されることはない）。

実験者という不確定要素

バイアスを最小限に抑えても、生物医学科学者は、自然は気まぐれだという事実にいつも向き合わなくてはならない。ＮＩＨのケン・ヤマダは、フィブロネクチンという有用なタンパク質の量産法を完成させるのに一年以上かかったと話した。彼は、うまくいく手法を持っていた。ところが、「あるとき突然、数週間以上にわたって私の単離手法が順調にいかなくなったのです。思いついたことはすべて試しました」。それでも、そのタンパク質を十分な割合で作り出すことができなかった。ヤマダはこう述べた。「ともかく相手は生体系ですから、こんなことが起こることもあります」。とうとうヤマダは、一年にわたって再現性の高かった自分のプロセスが、なぜ急に機能しなくなったのかを突き止められなかった。それでとうとう、新しい手法を考案した。

「屈辱的というところです」と、ヤマダは話した。唯一、助かったのは、この広く用いられるタンパク質の量産法を発表していなかったことだ。「発表していたら、ずいぶんみっともなかったでしょう」

どの科学者にも、予想だにしない理由で実験が失敗した体験談があるものだ。検出できない水質の変化によって、実験がめちゃくちゃになることもある。栄養素を製造していたバッチが別のバッチに変わったことで、大きな違いが生じることもある〔くわしくは第６章〕（栄養素も変わりやすい生物材料かもしれない。たとえば、培養細胞の増殖を助けるために研究室でよく用いられるウシの血清もそうだ）。ある研究室では、貴重な遺伝子組み換えマウスを新しい施設に移したところ一匹残らず死んでしまい、研究者たちが呆然とした。原因は、マウスの床敷きを、よく用いられるトウモロコシ中心の材料に変えたことだったらしい。ワイルコーネル医科大学のオラフ・アンダーセンは、自分の研究室で出した結果と親しい仲間の研究室で出した結果が違うことをめぐって友情が危うくなったと話してくれた。辛辣な言葉の応酬のあと、ついに彼らは腰を据えて食い違いを解消しようと決めた。原因の可能性を調べるのに数カ月かかったが、どうやら違いは次のことだという結論が出た。アンダーセンはガラス器具を酸で洗浄していたが、仲間は洗浄剤を用いていた。

科学者が謎の原因を突き止められないことも多い。彼らは問題を回避する方法（ときにはまったく新しいプロジェクト）を見つけて移っていく。だが、ただ問題から目をそむけることは、カート・ハインズにはできなかった。ハインズはカリフォルニア州バークレーにある研究室で研究に励んでおり、彼の共同研究者たちはボストンで補完実験を進めていた。この研究の実験には、（乳房縮小術を受けた女性から）採取されたばかりの乳房組織が必要だった。また、乳がんを研究する実験の一環として、健常な乳房組織に認められる多くの細胞型から一つの型を分離する必要があった。「国を横断して細胞を輸送しようとしましたが、それが細胞にまったく合わなかったのです。瓶に入れた細胞は、結局死んでしまいました」とハインズは話した。そこで両研究チームは、同じ実験を並行しておこなうことにした。しかし、ローレンス・バークレー国立研究所のハインズの研究室で得られた結果と、ダナ・ファーバーがん研究所の共同研究者たちの研究室で得られた結果を比べると食い違っていたので、彼らはがっかりした。これは特に厄介だった。なぜなら、どちらの研究室にも乳房細胞を扱う研究について数十年の経験があったからだ。したがって、一方での研究は、もう一方ですぐに再現されるはずなのだ。「実験手順は問題ではありませんでした」とハインズは話した。「こちらではこちらの結果が得られ、あちら（ボストンの博士研究員（ポスドク）イン・スー）のほうでは別の結果が得られました」。真相を探るため、ハインズはボストンでの実験の設定をできる限り再現しようとした。従来の実験装置のほか、「彼らはフードプロセッサーを使っていました」とハインズは言った。「彼らが使っているのとまったく同じモデルを買いにいきました。それでも問題は解決されませんでした」

このごく基本的な問題を解決しようと一年にわたって悪戦苦闘したのち、とうとうハインズの研究室長ミナ・ビッセルは、ハインズと共同研究者が同じ研究室で一緒になって問題の解決にあたる必要があると判断した。彼らは、バークレーの海岸に近いモダンなガラス張りの建物にあるハインズの研究室で顔を合わせることにした。並んで座り、同じ実験手順だと思っていたものに取り組んでみると、なぜ両者の実験結果が食い違うのかがわかった。実験のある段階で細胞を攪拌するため、ハインズは細胞の入った容器を装置にセットして前後に緩やかに揺すったが、インは攪拌棒を用いる激しい攪拌器を用いていた。それらの方法は両研究室で日ごろから用いられていたので、このありふれた段階のせいでまったく異なる結果が出ると疑う理由はなかったが、実際にはそれが原因だった。「問題の解決にはちょっとした幸運とちょっとした忍耐が必要でしたが、私はしつこい人間でもあります」とハインズは述べた。彼らは一連の経緯を科学雑誌に発表した。[12] わざわざそんなことをする研究室はほとんどない。たとえ、よその研究室も不可解なことで悩んでいるに決まっているとしても。あいにく、こうした問題は研究では頻繁にあるため、科学者は解決策があまりにも平凡で述べ立てるほどでもないと思うかもしれないし、科学誌もそのような解決策を、活字にして公表する価値がある科学的結果とはなかなか認めないかもしれない。

科学者が解決しようとしている問題は、途方もなく困難なばかりか入り組んでいることもある。たとえばがんでは、患者の命を奪うのはたいてい最初に発生した原発がんではなく、それが体中に広がったがん、つまり転移がんだ。転移の重要な段階を突き止めるために、税金がせっせと注ぎこまれている。転移の重要な一段階は、がん細胞が正常な組織に侵入するときに起こる。このプロセスが解明されたら、抗転移薬が開発されるかもしれないと考えられている。抗転移薬が誕生すれば、がんの治療が革命的に変わる可能性がある。転移には、組織の骨組み、すなわち細胞外マトリックスを分解する酵素が関与する。これまでに発表された何百本という科学論文にこのプロセスの記述があるが、報告されている結果は矛盾している。そこで、転移の過程を整理するため、科学誌『ジャーナル・オブ・セル・バイオロジー』の編集者がＮＩＨの二人の科学者トマス・バッグとダニエル・マドセンに、文献を検討して単純だが重要な問いに答えてほしいと依頼した。その問いとはこれだ。組織を分解するこの酵素は、侵入がん細胞に由来するのか、侵入された組織に由来するのか、それとも両方に由来するのか？　バッグは、この課題は簡単に解決でき、それによって混乱した分野がある程度明確になるだろうと考えた。バッグの読みは外れた。バッグとマドセンは、このテーマに関して研究結果が山ほど発表されていたことに気づき、検討対象を四つのおもながん――乳がん、大腸がん、肺がん、前立腺がん――のわずか四つの酵素に絞った。それでも、検討すべき研究は二五〇件近くにのぼった。そして、研究結果はてんでばらばらだった。酵素ががん細胞のみに由来したという結論もあれば、周辺組織のみに由来したという結論もあれば、両方に由来したという結論もあった。ある研究では、酵素の出どころを探し出すために七種類の分子プローブを用い、酵素はすべて周辺組織に由来すると結論づけていた。別の研究では六種類のプローブを用いており、「正反対の結果が見出されました」とバッグは話した。「彼らは徹底的な研究をしようとしていました。やり方もきちんとしていました。それでも、とにかく反対の結論に至ったのです[13]」

　バッグは、明解な答えにたどり着けなかっただけでなく、がん研究の重要な分野に影響を与えている深刻な問題を見出したことに気づいて自分の研究を終えた。「少なくとも私としては、それは決して科学における再現性に関する論文を意図したものではありませんでした」とバッグは述べた。「私たちが研究を始めた理由は違いました。ただ研究の途中で、それを再現性に関する論文にしなくてはならないだろうと悟っただけです。バッグの論文が発表されてから四カ月後、彼と話す機会があった。バッグはある学会から戻ってきたところだった。学会には、分野の第一線にいる多くの研究者が最新情報を得ようと集まっていた。バッグはずっと以前に、この分野が二つの陣営に分かれていることに気づいていた。一方は、細胞外マトリックス分解酵素ががん細胞に由来すると考えており、もう一方はそうではないと考えていた。もしかしたら、物の見方がこのように対立していたせいで、それまで誰も、矛盾する研究の折り合いをつけようとしなかったのかもしれない。バッグは、自分の知見が多少とも反省か少なくとも熟考を促すだろうと想像した。「ですが、議論はありませんでした……。もしかしたら、みなさんはこれを重要とは思っていないのかもしれません」と、彼は皮肉混じりに言った。

　一九九〇年代に製薬企業は何百万ドルもかけて、細胞外マトリックス分解酵素を阻害する薬を見出そうとした。がんの転移を抑制する新薬を目指したのだ[14]。どれも失敗に終わった。あなたは、その理由を理解する価値があると思うだろう。理由を探るには、この重要な生物学的メカニズムを理解する必要がある。だが、科学者は過去を振り返っても報酬を受けられない。彼らのキャリアにとっては、将来を見て次なるすばらしい考えに目を向けることのほうが重要だ。

研究者の保身

自然は複雑だし、それを研究するツールにはどうしても限界があるため、科学上の意見の不一致は何年も、いやときには何十年も続くことがある（たとえば、おそらくテロメラーゼ分野の研究の半数は間違っているだろうが、どちらの半数を捨てるべきかで科学者の意見は割れるに違いない）。「わかっていないことについて研究するしかありませんからね」と、スタンフォード大学にあるハワード・ヒューズ医学研究所のマーク・デイヴィスは述べた。「ですから当然、混乱は絶えずありますし、私たちはただ霧のなかをやっとのことで進もうとしているわけです。手に入るなかの最高のツールでもって、真実であってほしいと望むことに少なくともしがみつき、それを解明しようとしているのです」。彼の話では、そのおかげで自分の仕事はすごくおもしろいのだという。「研究は、車などを作るのとは違います」。科学の真骨頂は、科学を進展させるために、どのアイデアがよいもので頂点に登りつめるべきなのか、どのアイデアを捨てるべきなのかを突き止めることにある。「面倒なのは、人間とのあれこれです」と彼は述べた。「人には既得権がありますからね」

「どの分野にせよあなたが専門家なら、その分野におけるあなたの地位は、特に学術研究機関では、あなたがその分野で持っているとされる専門知識に基づいています。ですから、あなたが一番耳にしたくないのは、たいていどこかの青二才が、あなたの積み重ねてきた研究をぶち壊しつつあるという話です。というわけで、そこにはそもそも軋轢(あつれき)があります」。さらに、それは個々の研究だけでなく研究分野全体に当てはまる可能性もある。変革を起こす斬新なアイデアは、破壊をもたらしうるのだ。デイヴィスと学生たちは、ある研究論文に四年以上取り組んでいる。その未発表のアイデアについてわざとぼかしていたが、彼のチームは、マウスで観察され、しばしば人間に当てはめられていたある基本的な免疫学関連の知見に注目していた。デイヴィスらの新しい研究は、マウスでのデータが人間に当てはまらず、免疫学者を迷わせるものであることを示している。しかし、その論文はさまざまな科学誌から掲載を拒絶され続けている、とデイヴィスは述べた。「こんなコメントが返ってきました。『もしこの論文が発表されたら、この分野は一〇年ないし二〇年後退するだろう！』と。それで、これは瞠目(どうもく)すべき意見だと思いました。ですがしまいに、それは助けを求める叫びなのだと解釈しました。もし、一本の論文によってそんなに大きなダメージがもたらされかねないほど自分の研究分野に不安があるのなら、その分野に何があるのです？　それほど簡単に吹っ飛ぶのなら、この分野で何をそれほど誇りに思っているのでしょう？」

「当然、保守的な科学者はパラダイムの変化に苦しむでしょうし、ときには彼らのキャリアが台無しになることもあります」とデイヴィスは語った。「それは現実に起こりえます。特に、何年間も何も起こらず、出し抜けに何かが起こるようないい加減な分野ではね」。デイヴィスの話では、一〇年前のヒト免疫学は、彼の言う「いい加減な分野」だった。才能ある科学者も少しはいたが、ヒト免疫学は空を漂っていた。「まさに死んでいました。不毛の分野でした」

デイヴィスによると、がん免疫療法もそうだった。インターフェロン（免疫調節因子）に対する息づまるほどの期待は別だったが、最終的にその成果は期待にはほど遠かった。懸命の研究努力も多くなされた。「ですが、はったり屋もごろごろいました。こんなことを言っている輩もたくさんいました。『いやあ、忙しすぎて実験で対照群を置く余裕はありませんでした。なにしろ、私はがんを治癒させようとしているところですからね。まっとうな科学研究をするとかいうことで煩わせないでくださいよ。私はがんを治癒させつつあるんですから』。ですが、そうはなりませんでした」。だが最終的に、一部の科学者が混乱に収拾をつけ始めた。研究者たちは、免疫系のなかの「免疫チェックポイント」と呼ばれる部分を特定しており、「免疫チェックポイント阻害薬」という抗体薬を開発していた。その薬は、特定のがんを見分けて攻撃する体内の免疫系を活性化する。

免疫チェックポイントに関する説は、一連の厳密な観察によって浮かび上がり、複数の研究室で十分に確認された。製薬企業は徐々にその知識を取り入れ、強力な新しい種類の抗がん剤を開発することができた。免疫チェックポイント阻害薬は、それを投与される多くの患者でまだ有効ではないが、一部の患者では目覚ましい効果を発揮する。デイヴィスは、がん免疫療法は今や

「いい加減な分野」のリストから外れたと述べた。

この件について考えると、どれほど多くのことが問題となっているかを痛感する。振り返ってみると、途中で行きづまりや間違いがなかったら、これらのアイデアがどれだけ早く進んだかが見て取れる。研究で紆余曲折があるのは、ある程度はやむを得ない。単刀直入に言って、それは最先端の研究の本質だ。しかし、科学者が研究の途中でもっと気をつけていたら避けられたはずの遅れ、回り道、無駄な時間、無駄な資金が生じた悲惨な例も数多くある。それに、失敗は最初の最初から、つまり科学者が実験の計画に取りかかるまさにその瞬間から起こる。

第3章　バケツ一杯の冷や水

ALS研究の高い失敗率

救いがたい実験計画をめぐる特に痛ましい話の一つは、ルー・ゲーリッグ病としても知られる筋萎縮性側索硬化症（ALS）に関するものだ。この致死的な神経変性疾患の治療法の探索は、計画が非常にお粗末なせいで、診断とともに死を宣告されたも同然の患者に偽りの期待を抱かせただけの研究にあふれている。トム・マーフィーは、むなしい希望を抱いた一人だった。

かつてたくましい肉体を誇ったマーフィーは、大学でアメフトやラグビーをしていた。身長一九〇センチで胸板の分厚い彼は、堂々とした風貌だった。だが彼との握手は、相手の手を握りつぶすほど強いのではないかという予想とは違った。私たちが初めて会ったときは、手を軽く握るという程度だった。一年後にふたたび会ったときには、まったく握手ができなかった。かつての目を見張るような力は、ＡＬＳにより失われていたのだ。

二〇一四年の「アイス・バケツ・チャレンジ」で、この命に関わる病気と闘うために世界中の人びとから一億ドルを超す金額が寄付されたが、ほとんどの人にとって、その病気が実生活にもたらす影響は漠然としており、神経の変性にかかわる何か、という程度のものでしかなかった。だが、五六歳で三人の子どもの父親だったマーフィーにとって、ＡＬＳはじわじわと進むまさに現実の病気であり、彼の神経が、空気を肺に取りこめと横隔膜に指示できなくなる日が、そのうちに来る（物理学者のスティーヴン・ホーキングは、ＡＬＳと診断されてから長く生き続けてきた例外だ〔ホーキングは二〇一八年に七六歳で逝去〕）。

驚くべきことに、マーフィーは自分の話をしてくれたとき、こうした事態の推移を苦にしていなかった。二〇一〇年の冬に筋肉の異常な引きつりが初めて気になったときも、ただ自分が消えていくのをよしとはしなかった。マーフィーは医師に診てもらった。その医師は、簡単に診察してからマーフィーを神経科医に紹介した。マーフィーの診断は、三人の神経科医にかかってからようやく確定した。

「医師から『あいにくですが、あなたの余命は二年から四年です。気持ちや生活の整理をしたほうがいいでしょう』と言われたとき、私は『ホントか？』と思いました。まさに意表を突かれました。そんなことは夢にも思っていませんでしたから」。来るべきことに備えるため、マーフィーと妻のケリは家を売ってヴァージニア州のゲインズヴィルにモダンな平屋建ての家を購入した。

その家なら、マーフィーは階段にぶつからずに移動できる。いずれ脚の正常な筋緊張が失われたら、彼は車いすで動き回ることになる。仕切りがなく風通しのよい居間には巨大なテレビが据えられ、マーフィーは、自分ではもうプレイできないスポーツを観戦した。

だが、マーフィーの主治医らは、少なくともかすかな希望も与えた。「先生たちから最初にこう言われました。『薬の臨床試験があるので参加しませんか?』と。それでもちろん、そりゃいい話だと思いました」とマーフィーは言った。ＡＬＳの患者は筋力が数年で低下するので、新薬候補の試験には比較的力のある患者しか参加できない。また、ほとんどの患者が臨床試験で薬の投与を受けるのは一回だけだ。二〇一一年五月、マーフィーはデクスプラミペキソール（略して「デクス」）という薬の臨床試験に参加することにした。数百万ドルの費用がかかるその試験には、マーフィーを含めて約九〇〇人の患者が参加した。しかし製薬企業がデータを分析したところ、結果は期待はずれだった。デクスは、試験に参加した患者の症状の進行を抑えていなかった。その試験は失敗に終わった。

マーフィーは冷静だった。ＡＬＳが、立ち向かうのが難しい病気なのは間違いない。科学者がＡＬＳに対して試してきたほぼすべての治療法が、失敗している（かろうじて有効な一つの薬を除いて）。そのため、この分野の科学者はみな、研究の失敗率が高いことを知っていた。だがその理由については、マサチューセッツ州ケンブリッジにあるＡＬＳ治療開発研究所（ALS Therapy Development Institute）という非営利の研究施設が調べ始めるまでよく知らなかった。ここの研究者たちは、学べることがあればと、臨床試験の元になった研究を調べることにした。その結果、これらの薬を試した元の動物実験にひどい欠陥があることがわかった。どの実験でも、用いられたマウスの数が少なすぎ、そのためどれも間違った結果にたどり着いていた。試験群一群あたりのマウスがたったの四匹という実験もあった。当時、研究所の所長だったショーン・スコットは、それらの動物実験に戻ることにした。そしてこのときは、しかるべき十分な数のマウスを用いる妥当な実験計画を立てた。すると、どの薬もマウスで有望な結果を示さなかった。どれ一つとして。スコットが二〇〇八年におこなった研究は、ALS研究分野に衝撃を与えたが、前に進む道も開いた。(1) ALS治療開発研究所は、この基礎研究の適切な実施に努力を注ぐことになる。

スコットは二〇〇九年、ALSにより三九歳で亡くなった。この病気は彼の家族に遺伝している。スコットの後任となったスティーヴ・ペリンはスコットの遺志を継ぎ、同研究所の科学者がトム・マーフィーなどのALS患者を救う薬を探索する際に厳密な動物実験をおこなうことを求めている。さらに、彼らは十分な数のマウスを用いて各実験を始めるという基本的な――そしてわかりきった――手段を取るだけではない。マウスの雄と雌ではALSの発症率がいくらか違うので、実験で雄雌の数のバランスを注意深く取らないと、間違った結果が導かれる恐れがある。もう一つの問題は、これらの遺伝子組み換えマウスにおけるALSの特性が、世代間で変わりうることだ。ALS治療開発研究所の科学者は、実験で用いるマウス一匹一匹の遺伝的性質を見て、すべてのマウスが遺伝的に同じであることを確かめる。「遺伝的性質の差は非常に重要です」とペリンは言った。ほかの科学者たちは、そのような落とし穴をしばしば見落としていた。しっかりした結果を得るため、ペリンの研究グループは三二匹のマウスに薬を投与し、薬を投与しない別の三二匹と比較する。学術研究機関の研究室では、実験でそれほど多くのマウスを用いない。なぜなら一つには、費用が高くなるからだ。ペリンの話では、このような実験を一つするたびに一万二〇〇〇ドルかかり、結果が出るまでに九カ月かかるという。薬物の用量を三通り試すのなら、それぞれについて実験する必要がある。ペリンの研究所は、この段階で手を抜くと無意味で無駄な実験になりかねないことを明確に示してきた。それでも、「学界から、そのような実験をする余裕はないという抵抗に遭うことが今もあります」と彼は話した。そのような実験はきわめて高額なので、学術研究機関は不十分な実験をおこなうほうを選ぶ。

このような落ち度があるからというだけで、科学者を責めるのはフェアでない。ＡＬＳ研究の資金のほとんどを出したのはアメリカ国立衛生研究所（ＮＩＨ）だが、科学者たちの話では、提供先が多すぎて、個々の科学者は研究に必要な額を得られなかったという。そのようなわけで、彼らは難しい選択をした。結果的にＮＩＨなどの資金提供者は、科学的な土台が信頼できることを最初に確かめもせずに、これらの薬を用いる臨床試験に何千万ドルも費やした。ＡＬＳの患者が参加した試験では、次のような薬が用いられた。リチウム、クレアチン、サリドマイド、セレコキシブ、セフトリアキソン、フェニル酪酸ナトリウム、抗生物質のミノサイクリン。ミノサイクリンの臨床試験だけでも、ＮＩＨの出資で二〇〇〇万ドルかかった。それで結果はといえば、失敗、失敗、失敗、失敗、失敗、失敗、失敗だ。[2] NIHの科学評価官たちは、学術研究機関の科学者が実験を注意深く実施したとばかり思っていた。だが、そうではなかった。

動物実験には基準がない

もちろん、計画がお粗末な研究は時間の無駄でしかない。それでも、NIHの役人たちがALSに関わるこの問題の重大さを認識するまでに何年もかかった。この問題にいち早く気づいた一人が、NIHの傘下にあるアメリカ国立神経疾患・脳卒中研究所のシャイ・シルバーバーグだ。シルバーバーグはイスラエルの出身で、生物物理学者としての教育を受けた。生物物理学は、生きた動物や人間を相手にする面倒な研究分野に比べれば、研究で高度な正確さが求められる。生物物理学で培われた鋭敏な感覚のおかげで、シルバーバーグは同研究所での状況を新鮮な視点で眺めることができた。シルバーバーグは所長から、ALSなどの神経疾患の臨床試験を審査する委員会への参加を求められた。「自分の見たものが信じられませんでした」とシルバーバーグは話した。シルバーバーグは審査プロセスを見つめるうちに、科学者たちが臨床試験の計画に関する問題にばかりこだわっていることに気づいた。たとえば、試験参加者の適切な人数、設定すべき評価項目（エンドポイント）、解析法の正しさの確認といったことだ。そのようなことが大事なのは言うまでもない。しかし、人間での試験の元になる動物実験の評価となると、誰も臨床試験と同じような注意深さでは評価しないことにシルバーバーグは気づいた。科学者たちがそのような議論を基本的に飛ばすことに気づいて、「驚愕しました」と彼は言った。「（臨床試験を）正当化するためのデータが確かなものかどうかに関する話は、ほとんどありませんでした」。委員会に集まった専門家たちは、動物での実験が確かなものだという想定から出発し、何百万ドルという金と試験に参加するボランティアの善意と命を、その臨床試験がうまくいく可能性に賭けていた。

「審査委員たちを非難するわけではありません。なぜなら、臨床試験は非常に複雑なので、その計画に注目するのは当然だからです。それに、対象の病気が深刻な場合、この重要な動物実験の段階を少し寛大に評価してしまいます」とシルバーバーグは言った。彼は、「王様は裸だと言っている子ども」のような気分がした。シルバーバーグは上司であるアメリカ国立神経疾患・脳卒中研究所のストーリー・ランディス所長に、何かとんでもなくおかしいことが起きていると訴えた。むろん、これは控えめに言っても気まずいことだった。人間の本能と組織的防衛体質の両方によって、問題を隠すなり大ごとにせずに置くなりしたいという誘惑も働いた。国内支出削減の口実を探していた連邦議会議員たちが、政府の無駄遣いの例としてこれを取り上げる可能性もあった。だが、ランディスは躊躇（ちゅうちょ）しなかった。彼女は、この問題について寄稿したり公の場で話したりし始めた[3]。ランディスの上司であるＮＩＨのフランシス・コリンズ所長は、税金でまかなわれたＡＬＳの臨床試験が不適切であることを聞いて唖然とした。「そのようなデータに基づいて、人びとが危険にさらされていました。思わず絶句しましたよ」と、コリンズは話した。ＡＬＳの話が単にまれな件ではないことが、ほどなく明らかになった。生物医学研究は問題をはらんでおり、コリンズは生物医学界に対する責任を誰よりも負っていた。「そんな話を聞きたくない人たちがいたのは確かですし、そういう人たちは今もいると思います」とコリンズは述べた。しかし、「国民の信頼を預かる者として、問題をただうやむやにしたくはありません。正面から向き合い、できる限り率直になって『オーケイ、ヒューストン、トラブルが発生した』〔映画『アポロ13』で、アポロ13号がヒューストン（地上の宇宙管制センター）に緊急事態を知らせたときの台詞〕と言い、私たちはみな集団として問題を直視していかなくてはなりません」

連邦議会は、この問題に気づき始めた。アラバマ州選出の上院議員リチャード・シェルビーが、二〇一二年三月二八日の公聴会でそれを提起した。シェルビーは、二〇一一年一二月の『ウォールストリート・ジャーナル』紙に掲載された記事を持ち出した。記事は、実験の再現失敗に関する同年秋のバイエル社の研究に基づくものだった。「これは大きな懸念です、コリンズ博士」とシェルビーは公聴会で述べた。「私は科学的探求や基礎生物医学研究を妨げたいとは仮にも思いませんし、あなたもそうだと思います。ですが、この小委員会のメンバーであるわれわれは、なぜ査読を受けて発表された論文の実験結果で再現できないものがこうも多いのかを知る必要があります。ＮＩＨが生物医学研究のために三〇〇億ドル以上を要請するとき――私はそれで十分とは思いませんが――、再現性、すなわちこれらの研究結果を反復できるということは、研究を評価する際の根拠の一部であるべきではないのですか？　それで、ＮＩＨはこの問題にどう対処できるのですか？　それはあなたにとって気がかりな問題でしょうか？[4]」

「もちろんそうです。上院議員」とコリンズは答えた。彼は上院委員会に、この問題の対応にあたっているときっぱり述べた。実際、対策を求める機運は急速に高まっていた。公聴会が終わってからわずか数時間後、『ネイチャー』誌が、バイエル社の研究より手厳しいグレン・ベグリーとリー・エリスの分析結果を公表した。コリンズは、主席副所長のローレンス・タバックにこの問題を担当させた。二人は二〇一四年一月の『ネイチャー』誌のコメント記事でこの問題を率直に認めたうえで、根本的な問題に対処するため、生物医学研究の主要な資金提供者としてのNIHの影響力を用いる提案を明らかにした。[5] それらの提案は、徐々に研究助成金の応募者にとって新しい正式なガイドラインになった。二〇一六年一月の時点で研究者は、特に明らかな落とし穴を避けるための基本的な手段をいくつか講じなくてはならない。研究者は研究助成金に応募するとき、用いている細胞が実際に自分の思っているものであることを示す計画を盛りこむ必要がある（このあとわかるように、細胞の正体は些末な問題ではない）。研究で用いる予定の動物の性別を考慮していることも、示さなくてはならない。時間を割いて、研究の基礎をなす科学がしっかりしているかどうかを調べたことを示す必要もある。そして、「厳密な実験計画」を用いることを申請書のなかで示さなくてはならない。[6] 研究者は、研究助成金の年次評価のあいだ、これらすべてについて説明責任があるものとされている。もっとも、助成金の資金管理にあたるNIHのさまざまな助成金マネージャーが、どれほど積極的にこれらの新しい規則を課すのかは明らかではない。歴史的に見て、役人たちが助成金を取り消したのは、不正のようなひどい行為があった場合に限られていた。それを思えば、このような手段ですべてが解決されるとは言いがたいが、それらは正しい方向への措置である。

資金調達の問題

これらの新たな期待が生物医学研究の文化に波及するには、長い時間がかかるかもしれない。研究助成金の申請書が今日書かれたとすると、その研究成果が発表されるのはこれから何年も先だろう。そしてもちろん、煩雑な書類手続きが増える気配が漂うなか、抵抗もありそうだ。すでに学術研究機関の多くの科学者は、研究助成金申請書を書くことに自分の時間の半分以上を費やしている。しかも、財政事情が非常に厳しいので、申請書のほとんどが採択されない。病気の治療法を待ちわびる人びとは、科学者が面倒な審査手順を踏んでいるあいだ、のうのうと待ってはいられない。きちんとした実験計画がなければ研究が成功する可能性は低いのだとしても。

このような仕組みを正すには、インセンティブを変える必要がある。ＡＬＳ治療開発研究所のスティーヴ・ペリンは、自分の事業は「このような問題の一部を解決する方法として完璧な模範だ」と述べた。ペリンの研究所は、一つの病気を治すことに注力しており、その目標を追求するため、注意深くバランスの取れた人選をしている。その研究所は大学の研究室とも大きく異なり、大学院生や博士研究員(ポスドク)といった訓練中の人びとが研究のほとんどを担っているのではない。ペリペリンは、学生ではなく研究員を雇用している。ＡＬＳ治療開発研究所は、もう一つの点でも大学の研究室より勝（まさ）っている。大学の研究室は、研究助成金のかなり多くを大学に渡さなくてはならない。一方、「私たちは投資額の半分を諸経費で無駄に費やしたりしません」とペリンは述べた。ペリンは、そもそもＮＩＨから研究助成金を得ようともしていない。連邦政府の助成金は昨今、余裕がなく、研究助成金申請書の八〇パーセント以上が却下される。そのため、科学者が申請書を書くのに延々と時間をかけたことが報われない。一方、ＡＬＳ治療開発研究所では個人の寄付金に依存するところが大きい。特に、愛する人がＡＬＳになったか、自分がその病気にかかった人びとの寄付金に頼っている（ペリンを雇った裕福な理事長は、自分がＡＬＳと診断されてからこの研究所に資金を提供し始め、理事の二人にはＡＬＳの子どもがいた）。「ＡＬＳで私たちが抱える最大の（寄付金調達）課題は、患者がこの病気との闘いで命を落とすまでの期間が短いことです。つまり、私たちの開発チームはつねに新しい支援者を探しているわけです」とペリンは嘆いた。

資金が得られた場合、ＡＬＳ治療開発研究所ではその利用法がはっきりしている。ＡＬＳのマウスモデルに関する専門知識を前提に、彼らはほかの研究室が出した研究結果の再現を買って出る。そして学術研究機関や製薬企業の研究室で得られた結果を検証するが、再現できないことが多い。ＡＬＳ治療開発研究所には、自分たちの研究室で実施された試験に基づいて独自の薬の開発を目指す意欲的なプログラムもある。この研究所は、マサチューセッツ工科大学（ＭＩＴ）から通りを隔てた真向かいの、研究所やオフィスの入ったモダンな建物の四階にある。隣には、世界的な研究所が二つある。ブロード研究所（ペリンらのためにゲノムの配列を決定する）とMITのホワイトヘッド研究所だ。ペリンは、外部のほうが効率よくできる仕事については、ケンブリッジ周辺や世界のほかの地域にある多くの有能な会社に外注するのをためらわない。毎週月曜日、彼らは一〇〇匹の若い遺伝子組み換えマウスを受け取る。マウスは、明るくて気持ちのよい実験室の奥にある窓のない空間で飼育される。実験室では約四〇人の科学者が、巧みなカーブを描く実験台で仕事をする。一部の科学者はマウスで実験をおこない、一部の科学者は新薬候補の化学物質や生体化合物を探索する。これが厳密な仕事というものだが、厳密性の確保には時間と金がかかり、これら二つはしじゅう不足している。

無駄な試験に巻きこまれる

実験計画の改善を推し進めるのは、連邦規則だけではない。患者支援団体の役割は、ますます重要になっている。その最たる例が筋ジストロフィー患者の支援団体だ。一九八六年、エリック・ホフマンと指導教官のルイス・クンケルが、この疾患でよく見られるタイプの一つであるデュシェンヌ型筋ジストロフィーで異常な遺伝子を発見した。それをきっかけに、ホフマンはこの疾患の基礎生物学研究で立派なアカデミックキャリアを踏み出した。一九九〇年代、ピーター・ローという医学研究者が、筋ジストロフィーのある実験的治療に切羽つまった家族たちを参加させ、ホフマンは激怒した。ホフマンはその治療を「いんちき」と見なしていたという（ホフマンは敵意むき出しの抗議行動を展開したので、あるときローから名誉毀損(きそん)で訴えられた)。ローは、筋肉様細胞を若い患者たちに注射していたが、この効果を疑問視する見方が圧倒的だった。「それは途方もない資源の無駄使いでしたし、科学的根拠も全然ありませんでした」とホフマンは話した。ホフマンは道徳的な憤りから、この病気の研究に対するいくつかの基本的な「標準的操作手順」の導入を推進した。それらの手順は、やがて世界中の研究者が同意して従うようになるものだった。これに向けた資金を得るため、ホフマンはアメリカ国防総省を頼った。国防総省は、生物医学研究における通常の査読プロセスを踏まない形で資金を提供する。ホフマンは、ＮＩＨは研究助成金を出してくれまいと思ったそうだ。「なぜなら、それは仮説を立てて検証するという、一般受けする研究ではないからです。それは厳密性の構築を意図するものです。ですが、厳密性のために資金を提供してくれるところはあまりありません」

ホフマンの同僚カネボイナ・ナガラジュ（略して「ラジュ」）も、筋ジストロフィーの研究でずさんなものが多いことに立腹していた。ラジュの話では、筋ジストロフィー研究のほとんどすべてが、「研究室がそのときに持っている金額によってサンプルサイズ（動物数）が決まる」学術研究機関の研究室でおこなわれるという。そして、学術研究機関の研究者はそのような試験を「予備研究」と呼び、適切な対照群を設けずにおこなうとのことだ。ホフマンが調達した資金をもとに、ラジュはヨーロッパ共同体（ＥＣ）の協賛を得て国際会議を企画し、コンセンサスに基づく標準が策定された。

その後ホフマンとラジュは、この新しい標準の一環である厳密なマウスの試験を実施するため、ワシントンDCにあるアメリカ国立小児医療センターに研究室を設けた。世界中の科学者が、独自にその重要な実験技術を開発するより、ラジュに外注したほうがいいと気づいた。このサービスの評判が高まったので、ホフマンとラジュはその研究室を小さな会社にした（会社は二〇一三年にノヴァスコシア州のハリファックスに移った）。彼らはこれまでに、六〇種類を超える新薬候補を試験した。そのうち五五種類はまったく無効で、残りの五種類は少なくともいくらかの有望性を示した、とラジュは言った。ラジュによれば、あるとき、企業から試験用に一つの薬を渡された。その企業は、同じ標準的操作手順を実施しているイタリアの別の研究室に同じ薬を渡していたが、このことについては実験が終わるまで黙っていた。二つの研究室での結果は一致しなかったものの近かったので、結果にはおそらく再現性があることが示された、とラジュは述べた。

小さな企業は、新薬候補への投資を増やす前に、数十万ドルを支払ってこのような試験をしてもらうことがある。ラジュによれば、ほとんどの企業が彼の研究所で出た判断を受け入れるとのことだった。あるフランスの企業は、開発中の薬を一つしか持っておらず、ラジュの会社から残念な結果が戻ってきたあと店じまいした。だがラジュの話では、明らかな危険信号を無視する企業もあるそうだ。懸かっているのは投資者の金だけではないと、ホフマンは述べた。「家族も、患者も、医師も、病院もそうです」。新薬開発は「人びとの命という観点で」資源消費型だ。「人びとが実験台です。彼らが新薬開発プログラムに加わります」。そのような資源が無駄にされるべきではない（その後、ホフマンはニューヨーク州立大学ビンガムトン校に移っている）。

デブラ・ミラーも、ラジュにいくつかの薬を送って試験してもらった。ミラーは、息子が二〇〇三年に筋ジストロフィーを発症したのち、キュア・デュシェンヌという患者支援団体を設立した。彼女と夫は、学術研究機関に資金を提供するだけではなく、自分たちの信じる企業に投資するベンチャー慈善家になることにした。ミラーの団体では、筋ジストロフィー治療薬開発プロジェクトを持つ企業の法務状況や財務状況を調査する弁護士のほか、筋ジストロフィー研究分野の一流研究者を雇っている。もしどのみち失敗するのなら、さっさと失敗してほしい、と彼女は話した。「非常に多くの小規模な家族財団が、最新のすばらしそうな新薬候補にたぶらかされます」と彼女は言った。企業は、厳密なマウスの試験が必要だとあえて主張しない。「どれも、効果があるかのような印象を与えます」。だがミラーは慎重だ。小さなバイオ企業は自社の製品を大手製薬企業に売りこむまでのあいだ、うさんくさいアイデアを育むかもしれない。それとも、本当はある新薬を一般的な病気に使いたいと思っているのに、筋ジストロフィーのようなまれな病気の副次的な症状の治療用としてその薬の承認を得るほうが容易だと判断するかもしれない。筋ジストロフィーのような希少疾病用の薬は、食品医薬品局（ＦＤＡ）で優先的に審査されるので、これは利益につながりうる戦略だ。しかし、筋ジストロフィーの子どもを持つ親は、子どもにとってあまり役に立たないかもしれない薬のために労力を注ぎたくないはずだ。

患者支援団体の「筋ジストロフィー親の会」が、ある新薬候補の研究に資金を提供してほしいと持ちかけられたとき、団体の代表であるジョン・ポーターとシャロン・ヘスタリーは、その根拠となるアイデアを、ラジュの開発した標準的操作手順を用いてまず試験すべきだと主張した。「愚かな理由による臨床試験の失敗はごめんだ、というのが私たちのモットーなんです」と、ポーターは話した。これらの基本的な手順に従わないことは「紛れもなく、臨床試験が失敗する愚かな理由の一つです」。現在、二〇社を超える企業が筋ジストロフィーの治療薬を開発しようとしている。したがって、期待できるものは相当あるわけだが、どれが最有力候補なのかを見つけ出すことも必要だ。筋ジストロフィーを扱っていたNIHの元役人ポーターは、何かの新薬候補が最初の評価で合格レベルに達したら、さらにもう一段の評価を求めた。「企業が臨床試験に進めたいプロジェクトを私どものところに持ちこんできたら、まずこんな質問をします。それはTACTでの評価を受けましたか?」

TACTは「TREAT−NMD治療諮問委員会(神経筋疾患治療の治療諮問委員会)」の略語で、はじめはECによって設立されたが、現在は自己資金で運営している。それは、筋ジストロフィーといった神経筋疾患用の新薬候補を評価する厳格な組織だ。一年に二度、この分野の世界的な専門家たちの一部が候補を審査し、難しい質問を投げかけ、判断をくだす。厳しい判断をくだすことも少なくない。当初は学術研究機関の研究者から多くの候補が寄せられたが、次第に製薬企業の依頼による審査が増えている。企業は費用の負担として、TACTに五〇〇〇ドルから一万ドルを支払う。TACTの委員会は、これまでに数十件の新薬候補を審査した。このプロセスを利用する参加者は、秘密報告書を受け取る。その報告書を、資金提供者や投資者になりそうな人びとと共有してもよい。それとは別に、丁寧な言葉で記された要約が一般公開用ウェブサイトに掲載される。したがって、少なくとも審査の概略は、企業が詳細を伏せておくことにしたとしても入手できる。詳細については、企業は完全公開か完全非公開のどちらかにしなくてはならない。

動物実験は信用できるのか

生物医学研究をきちんとおこなうことは、わかりきった落とし穴を避けるというだけではなく、実験動物の適切な数を選択し、実験をランダム化し、観察者が自分を欺かないように盲検化し、適切な比較群を設けることなども意味する。また、実験の基礎をなす想定が正しいかどうかについて考えることも重要だ。ＡＬＳの話は、粛然とさせられる例である。ＡＬＳの研究で用いられるマウスは、スーパーオキシドジスムターゼ－１（ＳＯＤ－１）の変異型遺伝子を導入したものだ。それによってマウスの寿命が短くなり、マウスにはＡＬＳのような症状のいくつかが生じる。だが、マウスは本当のＡＬＳになるわけではない。このマウスモデルは、遺伝性のＡＬＳを発症する人びとにＳＯＤ－１の突然変異が見つかったことを受けて構築された。だが、この突然変異はＡＬＳ患者のわずか二パーセントでしか認められないので、ＳＯＤ－１がこの病気を引き起こす分子メカニズムのすべてとはお世辞にも言えない。言い換えれば、ＡＬＳ治療開発研究所などの多くの研究室がこのマウスでおこなった骨の折れる研究すべてにいったいどんな意義があるのか、よくわからないわけだ。

ＳＯＤ－１マウスが用いられるのは、この病気により優れたモデルがないからだ。科学者は、それを痛いほどよくわかっている。じつは、ＳＯＤ－１マウスの欠点を回避するため、ＡＬＳ患者でもっと広く認められる変異を持つマウスの系統が新しくいくつか開発されている。[7] だが、それらの新しい系統にも欠点がある。すぐに死なないのだ。つまり、実験の評価項目(エンドポイント)が早期死亡の場合、それらのマウスでの研究は時間のかかる困難なものになるということだ。

これもやはり、生物医学研究のツールに完璧なものはないということを思い起こさせる。結局、科学者はつねに間に合わせのものを利用するよりない。それに、彼らは自分の研究分野の拠り所である前提の検討に時間を割かないかもしれない。ほとんどの場合、科学者は自分の指導者や同業者がすでにおこなったことに基づいて研究プロジェクトを始める。ある研究分野全体が、特定の動物モデルに依拠していることもある。たとえ、えてしてそれが人間の病気の妥当なモデルかどうかがわからなくても。マウスのモデルでは病気を治せるのに、人間の病気を治すには見当違いだったとわかることも少なくない。そのような事情により、厳密な科学研究をしようとしている科学者にとってマウスは難しい問題になるのだ。

第4章　惑わすマウス

マウスに無害な薬は人間でも安全？

研究者を惑わす動物実験は、新薬の探索で数十億ドルもの無駄や研究の行きづまりをもたらしてきた。また、動物実験の失敗が致命的な結果も招いてきた。一九九三年、国立衛生研究所（ＮＩＨ）の研究者たちが、Ｂ型肝炎の新薬候補を試験したいと考えた。Ｂ型肝炎は、アメリカで何十万人もが罹患している肝臓の感染症だ。候補化合物のフィアルリジンは期待できそうだった。フィアルリジンは、ヒト免疫不全ウイルス（ＨＩＶ）と闘うために開発された薬のいくつかと働き方が似ており、動物実験を見事にクリアした。フィアルリジンをマウスに与えたところ、副作用はマウスが十分に耐えられる程度だった。次にラットで試したときにも、やはり問題は認められなかった。サルでの試験でも、フィアルリジンの安全性が示唆された。人間を対象とした短期間の試験では、おおむね有望な結果が出た。そこで研究者たちは、一五人のボランティアにこの薬を数カ月間服用してもらった。

最初、ボランティアたちは比較的軽い副作用を乗り越えた。だが、二〜三カ月後、一人の具合が悪くなった。肝不全だった。薬による毒性反応が肝不全を引き起こすことがあるので、研究者たちはすぐさまほかの一四人の患者にフィアルリジンの服用中止を告げた。だが遅すぎた。それから数週間で、もう六人に重い肝障害が起こった。最終的に五人が死亡した。そして、この惨事を調査したアメリカ医学研究所は、さらに二人の患者が、肝移植を受けなかったら死亡しただろうと報告した。(1)

突きつめれば、問題は、実験動物が人間を小さくして毛皮を着せただけの生き物ではないということだ。動物実験の根本的な欠点は、何十年も前からよく認識されている。劇的な例を一つだけ挙げよう。コレステロール低下薬の開発に取り組んでいた研究者たちが、何年にも及ぶ基礎研究の末、まさにこれだという化合物を見つけた。ところが、それをラットに与えてみるとまったく効かなかった。ある製薬企業は開発をすっかりあきらめた。しかし、ある日本人研究者が、開発の断念を迫るような動物実験の結果をものともせず、粘り強く研究を続けた。遠藤章(えんどうあきら)は、ニワトリを用いて実験していた同僚に、その化合物を試してほしいと頼んだ。すると、ニワトリでは効果があった。その実験での成功がきっかけとなり、「スタチン系薬」と呼ばれるコレステロール低下薬が誕生した。スタチン系薬は今日、何百万人もの患者に使われている。(2)

このような話から、ある明白な教訓が得られる。それは、最もよく用いられる実験動物のマウスにとりわけ当てはまるものだ。「マウスから人間のことがどれほど予測できるのかは、誰にもわかりません」とジョンズ・ホプキンス大学のトーマス・ハートゥングは述べた。それどころか、マウスでの実験結果によって、ある薬がほかの齧歯類でどれくらい効くのかを予測することさえできない。たとえば、ある薬の毒性試験をラットとマウスで別々におこなった場合、両者で同じ結論が得られるのは約六〇パーセントにとどまる。[3]というわけで、マウスでの実験からラットでの効果がそこそこ予測できるとしても、人間についてどこまで予測できるかという点ではごく謙虚に構えるべきだ、とハートゥングは述べた。

これは薬に限られることではない。ハートゥングによれば、マウスでの実験で発がん性があるとされた化学物質のおよそ半数は、おそらく人間の健康にとって害にならないという。一例がコーヒーだ。これまでにコーヒーから三一種類の化合物が単離されており、そのうち二三種類が安全性試験をパスしなかった。「もしコーヒーが合成されたもので」、一連の安全性試験にかけられたなら、「コーヒーを食品に加えることはできないでしょう」とハートゥングは述べた。「アスピリンも、今日なら、ほぼすべての動物試験で不合格になると思います」

同じく、動物実験で期待できる結果が得られても、それは人間の病気には当てはまらないことがよくある。たとえば、体重を制御するレプチンというホルモンがマウスで発見されると、大きな熱狂が巻き起こった。レプチン遺伝子の変異によって、マウスでは肥満が引き起こされた。そして、それらのマウスにレプチンを与えると、体重が減った。そこで、科学者たちはこれと同じ効果を人間で見出そうと熱心に研究したが、レプチン補充はほとんど減量の助けにならなかった。肥満に対する特効薬はない。

生物医学研究者は、動物実験について回るこのような欠点を理解しているが、それらをうまく取りつくろう傾向がある。「論文を発表する必要があるなかで、『私はひどいモデル動物を用いた』とは書けません。研究助成金の申請をしなくてはならないし、賞もほしい。それで、よい面だけを見せるわけです」とハートゥングは述べた。「もし動物実験の欠点を正直に述べたら、不利な立場に立たされます」。マウスやラットを用いた実験は、生物医学研究のあらゆるところでおこなわれている。用いられる動物の数は把握されていないが、しばしば引用される推測値によれば、アメリカだけで一年に一〇〇〇万匹以上が用いられ、その大多数がマウスだという。みながマウスを用いる一つの理由は、ほかの研究者たちがマウスを用いるからだ。マウスは基礎生物学研究で用いられる「モデル生物」であり、試験薬の安全性研究でも用いられる。これまでに、数百種類にのぼる近交系マウスが作り出されている。近交系マウスとは、近親交配を繰り返すことによって遺伝的な純系を保つようにしたマウスの系統だ。そのほか、遺伝子組み換えで得られる系統もある。遺伝子組み換えによって、特定の形質を加えることや取り除くことができるのだ。業界全体が、マウスの繁殖、運搬、飼育設備の提供、世話を中心にして成長してきた。

ずさん、見当違い

エディンバラ大学の神経学者マルコム・マクラウドは、マウス頼みのおぼつかない生物医学を案じている。彼は、脳卒中による脳損傷の軽減法を見出すことにキャリアのほとんどを費やしてきた。数百件にのぼる動物実験――ほとんどがマウスを用いたもの――で、数々の薬が脳卒中の治療薬としての可能性を示してきた。この研究に何十億ドルもが投入されてきたが、脳細胞に作用する薬のどれ一つとして、人間で試されたときに効果を示していない（ｔＰＡという薬は、血栓を溶かして血流を再開させることで効果を発揮するが、脳卒中による神経細胞の損傷には効き目がない）。このように失敗が長く続いている状況は、脳卒中研究の「核の冬」と呼ばれ始めた。[4]

「脳卒中に関する動物実験のデータを読んだ限りでは、それらの動物モデルのよしあしは言えません」とマクラウドは話した。実験的にマウスに誘導した脳卒中は人間の脳卒中とは根本的に違うので、マウスの実験から本当に学べることはない、ということもありうる。あるいは、実験のやり方が雑すぎて、この分野全体が迷走しているのかもしれない。

特に際立った例が一つある。製薬企業のアストラゼネカはかつて、ＮＸＹ－059という新薬候補に大きな期待を寄せていた。研究者たちが五八五匹の動物（ほとんどがラット）を用いて二六件の実験をおこなった。そのときには、この化合物は、研究者が誘導した脳卒中から動物の脳を守るように見えた。それらの結果を根拠に研究者たちは、一七〇〇人を超える患者を対象とする大規模で野心的な研究で、この化合物を試験した。その結果、脳障害がわずかに軽減された。これは期待の持てる結果だったので、同社は脳卒中を起こしてまもない別の三三〇〇人の患者を対象に試験をおこなった。ところが、試験はとんでもない大失敗に終わった。[5]

マクラウドはその試験を分析し、多くの欠点を見つけた。[6] このような試験の失敗を機に、マクラウドはちょっとした活動家になった。そしてあるとき、回避可能なバイアスが動物研究でどれほどはびこっているのかを調査することにした。マクラウドらは二〇一五年、イギリスの一流大学に所属する研究者たちが執筆した動物研究の論文からサンプルを抽出した。そのなかで盲検化されていたのは一七パーセントしかなかった。同様に、動物が実薬群と対照群にランダムに振り分けられていないことや、利益相反があるかどうかの記述がないこともしばしばあった。実験で用いた動物の数の決め方を説明している論文は、ほとんどなかった。「イギリスの主要な研究機関から出された一〇〇〇本以上の論文のうち三分の二以上が、バイアスの入るリスクを減らすために重要とされる四つの事項のうち一つも報告していなかった」とマクラウドらは書き、「四つすべてを報告していたのは（一〇〇〇本のうち）わずか一本だけだった」と述べている。[7]

それらの問題点は修正しにくいものではないので、改革が急速に進む余地はある。だが、それらが改善されたとしても、動物のモデルが人間の疾患の代替として不適切な多くの例では助けにならない。脳卒中の場合、研究でよく用いられる若い雄の動物は、脳卒中で倒れた人間の高齢者の代わりとしてふさわしくない可能性がある、とマクラウドは指摘した。それに、動物で用いられる薬の量は、人間で用いられる量とかけ離れていることがある。マクラウドは、動物で引き起こした脳障害の程度は、人間における脳障害や死亡の代用として妥当でないかもしれないと警告した。また彼は、研究者は同じ実験をしたときに同じ結果が得られるかどうかだけでなく、動物モデルをめぐるより重大な問題について考える必要があると忠告した。

怪しい動物モデルのせいで立ち往生している研究分野は、決して脳卒中研究だけではない。やはりマウスに大きく依存してきた痛みの研究も、同じように行きづまっている。一〇年前、製薬業界はＮＫ－１拮抗薬という新しい種類の鎮痛薬に沸き立った。痛みの実験には、神経束を縛って痛みに過敏にした動物で薬の効果を測定するものがあった。その方法を用いた場合、ＮＫ－１拮抗薬はマウスで痛みを大幅に和らげるようだった。それに基づき、この経路を遮断する鎮痛薬の探索競争が製薬企業のあいだで起こった。企業は何百万ドルも費やして、期待の持てるマウスの研究を基に人間の薬を開発しようとした。「企業はＮＫ－１拮抗薬を臨床試験に進めましたが、それらに鎮痛効果はありませんでした。まったくです」と、ジョンズ・ホプキンス大学のバーバラ・スラッシャーは話した。人間が実際に感じる痛みを評価しようとしたケースでは、マウスを用いる実験は完全な間違いへと導いたのだ。過去数十年の新薬開発における派手な失敗となったこの件は、効果的な鎮痛薬の探索にはまったく新しい戦略が必要だということを研究者に痛感させた。

その件によって、動物研究を過剰に信頼することへの熱意を製薬業界は失った、とスラッシャーは述べた。「かつては、研究者が持つ薬が動物モデルで効いたら、よし、これはいける、ということでしたけどね」。それを受けて製薬企業は研究者と契約を結び、新薬候補を開発の次の段階へと進めたものだった。だが今や、製薬企業は痛みの研究で動物研究をあまり重視しなくなり、投資をする前に新薬のアイデアを人間の試験で検証したがる。「ですから、これは新しい目標の選び方に関する考え方の変化です」。それは賢明な一歩だ。しかし、それによって、学術研究機関の研究者に厳密な研究をする負担がはるかに重くのしかかるのは言うまでもない。

さらに別の大きな失望が、外傷ややけどやその他の深刻な損傷に関連した致命的な炎症の分野で起こっている。毎年一〇〇万人以上のアメリカ人が敗血症や関連の病気にかかり、二〇万人以上が犠牲になる。スタンフォード大学の遺伝学者ロン・デイヴィスは、敗血症でしばしば起こる連鎖的な障害を食い止める薬の探索がほとんど進展しなかった理由を知りたいと思った。これまでに約一五〇種類の敗血症治療薬がマウスを用いて開発されてきたが、人間で効果があったものは一つもないのだ。そこでちょっとした人数の研究者集団を率い、炎症の研究でよく用いられるマウスのモデルを人間の病気の代わりと見なせるかどうかの検証を試みた。デイヴィスたちはまず、人間の外傷ややけど、血液感染症による炎症で活性化または不活性化される遺伝子を五〇〇〇種類ほど特定した。それから、ある一般的な系統のマウスで類似した遺伝子を調べたところ、炎症を誘導したマウスの遺伝子と人間の遺伝子には実質的に関連がないことがわかった。炎症の生物学的メカニズムは、マウスと人間で大きく異なるようだった[8]。

「あれは少々ショッキングな結果でした」とデイヴィスは話した。それは、マウスを用いた数十年に及ぶ炎症研究が見当違いだったこと、そしてこの研究でマウスを使い続けている科学者は時間を無駄にしている恐れがあることを示唆していた。敗血症分野の研究者が聞きたくないメッセージだった。「その結果を受け、私たちのところにすごい抵抗が押し寄せたのは驚きでした。私の大学の外傷センターからもですよ」とデイヴィスは述べた。デイヴィスの研究結果は、炎症に関する挑発的な観察結果というだけでなく、マウスを用いる研究への正面攻撃と見なされた。「マウスの価値がなくなるという懸念があるのです」と彼は述べた。

科学者が既存の基準を打ち砕くアイデアに抵抗するのは珍しくないが、「科学の力は、最終的に真実が立ち現れることにあります」とデイヴィスは言った。「問題はそれにどれほど時間がかかるかです。物事に蓋をすることはできますが、それでは絶対に勝てません」。デイヴィスの研究結果に抵抗している研究者もいるが[9]、問題はほかにもあると言う研究者もいる。ミネソタ大学のデイヴィッド・マソプストは、通常は無菌の環境で飼育される実験用マウスを、マウスに感染しやすい細菌を保有する野生マウスと同居させ、実験用マウスと野生マウスの免疫系が大きく異なることを見出した[10]。したがって、実験用マウスと人間の違いには、遺伝的なものと環境的なものの両方がある可能性がある。

薬を評価する機械じゃない

このような落とし穴があるとはいえ、科学者はマウスでの実験を見捨てたがらない。スタンフォード大学の中央キャンパスの地下には、厳重に管理された部屋が複雑に配置されている。各部屋には、マウスの飼育ケージが床から天井まで積み重なっている。訪問者は、専用の実験衣を着て靴の上から長靴を履かなくてはならない。それは人間の健康を守るためではなく、ところどころにヤシの木が生えている広大で牧歌的なキャンパスの地下で暮らす膨大な数のマウスを守るためだ。動物と人間の行動を研究するジョセフ・ガーナーは、廊下を歩きながら、齧歯類でいっぱいの部屋を次から次にのぞいた。ケージは、病原菌が広がるのを防止する複雑な換気装置につながっている。マウスたちは、透明なプラスチックのケージで身を寄せ合っていた。それでも、部屋には動物実験室にありがちなむっとした、どことなく甘ったるくてよどんだ臭いが立ちこめている。自家製ビールに近いと言えばいいだろうか。この大規模な飼育業務は、ラベルやバーコードによってきちんと管理されている。

ガーナーは、マウスには生物学的研究の役に立つ大きな可能性があると述べた。だが今のところ、研究者の取り組み方がひどく間違っていると、彼は思っている。過去数十年にわたり、研究者は動物研究で、ある共通の戦略を追求してきた。変量の数をなるべく減らすことだ。そうすれば、何かに効果が本当にある場合、それがよりはっきりと見える。その戦略はじつに賢明だと思われるが、それがマウスの研究では裏目に出ているとガーナーは考えている。この点を明らかにするため、彼は遺伝的に同じマウスが飼育されている二つのケージを指差した。一つのケージは棚の一番上に置かれていて天井に近いところにあるが、もう一方は床からすぐのところにある。

ガーナーの話では、ケージの場所が違うだけでも実験結果に影響が出かねない。マウスは明るい光や広々とした空間を警戒するが、ここのマウスは四六時中、そのような環境で生きている。「ケージを棚の一番下から一番上に移すと、マウスはますます恐怖心を募らせ、よりストレスを感じ、免疫力が弱まります」と彼は言った。

ガーナーは、遺伝的に同一のマウスを用いても実験の場所によって結果が異なるのかどうかを調べるため、ヨーロッパの六カ所のマウス研究室による実験に参加した。マウスたちはすべて、週齢がまったく同じで雌だった。それでも、実験場所がドイツのギーセン、ミュンスター、マンハイム、ミュンヘン、スイスのチューリヒ、オランダのユトレヒトのどこかによって、これらの「同一の」実験による結果は大幅に異なった。[11] 科学者たちは、考えうるすべての違いを挙げてみた。たとえばチューリヒでは、マウスを扱った者が手袋をしていなかった。ユトレヒトの実験室では、ラジオがかかっていた。床敷、餌、明かりもさまざまだった。マウスを扱う人間の性別もマウスに大きな影響を与える恐れがあることが認識されてきたのは、ようやく最近になってからだ。「マウスは男性を怖がりますので、それによって実際に痛覚の消失が引き起こされます」とガーナーは言った。そのような痛みを麻痺させる反応が起こると、あらゆる研究が台無しになるという。部屋のなかに男性の汗臭いTシャツがあるだけで、この反応が引き起こされる可能性がある。[12]

マウスを用いる研究では、行動試験が広く利用されている（なにしろ、齧歯類は試験薬の効果を人間の実験担当者に「言う」ことはできない）。だから、そのような実験の結果が研究室によって大きく異なることがわかったことに粛然とさせられたのだった。だがこの実験では、希望が見える意外な展開があった。厳しい基準のいくつかを緩め、より不均一なマウスの集団で実験すると、意外にも、より一貫した結果が得られたのだ。ガーナーは、違いを排除しようとして四苦八苦するより違いを受け入れたほうがはるかによいということを、同僚たちにわからせようとしている。

「こう想像してみてください。私は、妊娠中のつわりを和らげる新薬の試験をしていました。そしてアメリカ食品医薬品局（ＦＤＡ）に、次のような女性たち以外をいっさい排除して試験したいと提案しました。ウィスコンシン州のある小さな町に住む三五歳の白人女性たち。彼女たちは、あらゆる点でまったく同じである夫を持ち、まったく同じ家に住んでおり、私が考案したまったく同じ食事をし、私がセットしたまったく同じサーモスタットを使い、まったく同じＩＱを持っています。そして、偶然にも彼女たちの祖父は同じだ、と」。そうしたら即刻、それはひどい実験だと見なされるだろう。「ですが、マウスの実験では、まさにそれをしているのです。そして根本的に、それが理由で、これほど失敗率が高いのだと私は考えています」

ガーナーはその考えを一段と推し進め、研究ではマウスを単なる生理学的な機械ではなく、社会的交流をしたり環境に反応したりする生物と見なすべきだと主張する。そして、社会的交流や環境への反応がマウスの健康に大きな影響を及ぼしたり実験の結果を強く左右したりする可能性があると述べる。[13] だが、科学者はそれを見落としてきた。「基本的に私は、動物は人間の病気のよいモデルだと信じています」とガーナーは述べた。「ですが、今は研究の仕方がよくないのだと思います」

マルコム・マクラウドは、ガーナーが提示する問題のいくつかに対処する提案を示している。それは、マウスでの実験で新薬候補が有望に見えたら、人間で試験する前にマウスの実験の規模を拡大することだ。「五〇〇匹の動物から得た情報に基づいて新薬候補を臨床試験に進めてもいいが、その効果を知るために実験動物となる人間が五〇〇〇人必要だという論理は、どうにも理解しかねます。それではまるで筋が通りません」。人間の臨床試験が複数の医療センターでいくつも実施されるのと同じように、研究者たちはときおり、複数の研究センターで大規模なマウスの実験をしてきた。ただし、その課題は資金調達だ。誰かが、動物の数がはるかに少なくてすむ同じ研究を提案できれば、それは条件のいい選択肢に見える。「実際には、三分の一の費用でやると約束する者は、まともなやり方では実行しないのですが、その点はなかなか理解してもらえません」とマクラウドは話した。

モデル動物に取って代わる

生物医学研究では現在、動物を用いる研究の厳密性を上げるための最適な手段をめぐり、綱引きが繰り広げられている。動物実験を改善すべきか？　それとも、動物実験に代わる方法をさっさと探すほうがもっとよいのか？　ワイルコーネル医科大学神経科学教授のグレゴリー・ペツコは、後者の立場だ。ペツコは、ＡＬＳやアルツハイマー病といった神経疾患の研究にキャリアを費やしてきた。「動物モデルはひどいですよ」と彼は言った。「心配なのは、動物モデルが間違っているかもしれないということだけではありません。『間違った』動物モデルでも、研究はできます。なぜ間違っているのかがわかっていれば、モデルのよい面を使うことができ、よくない面は切り捨てればいいのです。ですが、神経変性疾患モデルが間違っているのではなく、見当違いだったらどうなるでしょう？　間違いより見当違いのほうが、はるかに悪いです。なぜなら、見当違いだと、おかしな方向に導かれるからです。それで、神経疾患の動物モデルはじつのところ、ほぼすべて見当違いだと私は考えています。こう言うのも何ですが、空恐ろしくなってしまいます」

神経学的研究ではマウスの実験に依存しているところが大きいので、有望な化合物が動物で効果を示さなければ、研究者たちは動物実験よりはるかに費用も時間もかかる人間の試験でその化合物を試そうとはしないだろう。「だから、夜眠れないほど気になるのです。効果のある化合物が手元にあるかもしれないのに、決してその効果を証明できないのではないだろうか、とね」。そうペツコは述べた。多くの実験に、単にマウスを使っていることにとどまらない欠点があることを考えると、「有望な治療薬をすでに試していたのに、試験のデザインが悪いせいで失敗した可能性がないわけではありません……その可能性を否定しきれません」。これらは机上の問題ではない。「こんな状況は正さなくては」

　ペツコは、人工多能性細胞（ｉＰＳ細胞）という急成長しつつある技術に希望を抱いている。特定の疾患（たとえばアルツハイマー病）の患者から採取されたｉＰＳ細胞は、研究室で神経細胞に誘導することができる。それは患者の細胞と遺伝的に同一だが、今や研究室内で増殖しているわけだ。ペツコは、それらの細胞を用いて病気の生物学的研究をおこない、動物実験は、安全性を調べるためや新薬候補と丸ごとの個体との相互作用に関する洞察を得るために取っておきたいと考えている。こうしたｉＰＳ細胞は急速に普及しつつある。だが、どんな生物医学研究とも同じで、ｉＰＳ細胞にもプラスとマイナスの両面がある。マイナス面は、いったん刺激によって神経細胞になると、それらの細胞が継続的に分裂して増殖することだ。脳にある神経細胞は増殖しないのに、まったく逆のことが起こる。したがって、ｉＰＳ細胞がどれほど現実を忠実に模倣するのかは明らかではない。

　トーマス・ハートゥングはしばらく前から、研究室内で増殖するが、さまざまな種類の脳細胞に姿を変えてオルガノイドという丸い塊を形成する脳細胞で実験している。ハートゥングの研究室の細胞は、自閉症患者やダウン症患者に由来する。細胞の塊が考えることはできないはずだが、それらの塊はいかにも脳細胞のように電気シグナルを発し、脳内を思わせるように並ぶ。それらの細胞は、脳機能の基礎をなす化学シグナルも用いる。「細胞培養で生物を模倣している状況を作り出したら、妥当な結果が得られる見込みが高まります」と彼は話した。「これらの細胞を用いると、オーダーメイドの毒性研究ができます。あなたの細胞を採取すれば、あなたがほかの人より特定の薬に対してより敏感だといったことがわかります」。この技術が誕生してからまだまもないが、実験室でおこなう肉体のない細胞の塊の培養に関連する事業で急成長している産業がある。斬新なアイデアに資金を提供するアメリカ国防高等研究計画局は、複数の研究所でおこなわれるこの系統の研究に資金を投じている。ＮＩＨもそうだ。そしてハートゥングには、この問題に取り組むための民間の資金もある。[14]

ボストンのウォーターフロントに位置するある企業は現在、製薬企業と学術研究機関によって分け隔てなく利用してもらえる関連技術を大量に生み出している。エミュレートは、ハーヴァード大学のワイス研究所からスピンオフした会社だ。同社は古いビルの商用スペースを引き継ぎ、そこからは稼働中の乾ドックが見渡せる。先端が張り出したいかめしいコンクリートの柱が、床を区切っている。第二次世界大戦中、陸軍がこのビルで戦車を組み立てた。エミュレートがハイテク製造機器を持ちこんだとき、ビルの所有者はそれらの重量をわざわざ尋ねもしなかった。貨物用エレベーターは戦車を載せられるように造られており、コンクリートの床は厚さが五〇センチ近くある。

エミュレートは細胞の丸い塊を増殖させるのではなく、手のひらに収まる透明なプラスチックチップを用いて疑似臓器を作る。つなぎの作業服に身を包んだ技術者たちが、レーザーカッターや３Ｄプリンターの前に陣取る。それらはプロトタイプの臓器チップを量産するように設計されている。社長兼最高経営責任者のジュラルディン・ハミルトンは、しなやかな膜を組みこんだ一つの臓器チップを興奮ぎみに見せてくれた。「一部の臓器では、伸縮が機械的な力として特に重要です」と彼女は説明した。というわけで、肺の細胞のように成長や発達が伸縮に依存する細胞については、伸縮ができる限り再現されている。一方、肝細胞は伸縮には頓着しないが、液体が流れる速さに反応する。そこで肝臓チップには、流れこむ栄養分や流れ出る老廃物を制御する複雑なマイクロ灌漑システムが組みこまれている。

ハミルトンは、小型化した肝臓を一カ月以上生かして正常に保てたと話した。肝臓チップは肝移植が必要な患者には何の役にも立たないだろうが、肝臓の生物学的機能を模倣して薬を試験するために利用できる。このような実験は研究室で長年試されてきたが、不本意な結果が出たことも少なくない。「薬を培養皿に入れると、細胞の表面にとどまったままです。人体は、そのような形で薬にさらされるのではありません」。チップの流動システムのほうが、はるかに現実を反映している。

これらのシステムは、驚くほど生体そっくりになる可能性がある。科学者はチップの上を一層の細胞で覆うが、一週間もすると複雑な構造ができあがる。腸チップでは、腸で見られる自然な折りたたみ構造がひとりでに現れる。さまざまな種類の細胞が、体内と同じように層を形成し、それらは顕微鏡下で見ると正常な組織とよく似ている。ハミルトンはノート型パソコンを開き、活動中の肺チップの動画を見せてくれた。線毛（せんもう）という細かい毛が、海草の森や麦畑のように揺れていた。「線毛は、実際の肺と同じように動いているだけではありません……線毛が指向性をもって動き、異物の粒子を除去しているのが見えるでしょう」と、ハミルトンは誇りと畏敬をにじませながら言った。彼女は、肺チップのなかで免疫細胞が感染を食い止めているビデオを見せてくれた。[15]「白血球一個まで実際に見えます。白血球がやって来て、くっつき、小刻みに動きながら細胞膜を通っていきます……そして、膜の反対側に出てきて細菌を飲みこむのが見えます」

「私はこれを一万回見てきましたが、まったく劣化しないですね」と、エミュレートのマイクロ流体主席技師クリス・イノホサは述べた。同社の最高技術責任者ダニエル・レヴナーもうなずき、言葉を添えた。「このビデオは、この技術について、なるほどと思った瞬間でした」。その技術の有用性をうかがわせるほんの一例を挙げると、ハミルトンのグループは、慢性閉塞性肺疾患の患者がステロイド薬に抵抗性を示す理由を探るため、これらの肺チップをステロイド薬で処理した。「私たちはステロイド薬への抵抗性を模倣して、治療法の候補を探すことができました」とハミルトンは話した。

彼女は、臓器チップの有効性が証明され、ＦＤＡがいつの日か動物実験の代わりにそれらを受け入れてくれたらと望んでいる。すぐにそうなることはなさそうだが、製薬企業が、ＦＤＡのお墨付きが不要な実験でマウスの代わりに臓器チップをすでに使い始めていると、ハミルトンは語った。

エミュレートは、より広範な厳密性や再現性の問題に関する教訓を示している。それは、動物研究での落とし穴の一部を回避する可能性があるシステムを考案するということだけではない。レヴナーは、企業の科学者は学術研究機関の科学者より高い基準を満たさなくてはならないと述べた。「博士研究員（ポスドク）に関する皮肉なジョークに、（実験）を三回繰り返さなくてはならない、というのがあります。これは、『ネイチャー』誌と教授職を獲得するには、それだけで統計的に有意だ、それでやるべきことは完了ということです。実験を三回繰り返すのは非常に困難ですが、三回を三〇回に、三〇〇回に、三〇〇〇回にすることもやはり困難です」。学術研究機関の研究者には実験をそんなに繰り返す動機はないが、同社は、成功するためにはその線に達する必要がある。「信頼性と再現性が確立されている」。イノホサは続ける。「だから、何か特別なことを見たときにそれが本物だとわかるのです」

理屈どおりにいかない

新しい技術が急浮上して動物研究の欠点を解決するという考えには、魅了されやすい。それは絶えず希望を生んできた。そしてそこには、特殊なマウス系統の開発や、人間の臓器（や腫瘍）をマウスの体内で作り出すといった戦略の高度化の歴史がある。実際、生物医学研究の全域で技術は急速に進歩している。たとえば、ＤＮＡ塩基配列決定技術のおかげで、データがなだれを打つように生まれている（なだれが危険だということも思い起こさせる）。顕微鏡は、生体組織内のすばらしい世界に私たちの目を開かせた。こうしたツールは生物学に関する深い洞察を与えてくれるが、技術の進歩と医療の進歩には驚くほどのずれがある。技術は目覚ましいスピードで進歩しているが、医療はそうではない。

ジャック・スキャネルは、そのギャップついてあれこれ考えてきた。彼は製薬業界からアメリカ金融業界へとキャリアを移し、今はエディンバラ大学にいる。スキャネルは、じつは急速な技術の進歩が問題の一部ではないかと思っている。より多くの科学者が生物学の基礎を理解するようになるほど、彼らは病気の基本メカニズムを明らかにすれば治療法が見つかるという考えに引きつけられる。この考えは知的好奇心を刺激するし、もし私たちが生体系の働きを完全に理解する段階に迫っていたら、病気の基本メカニズムの理解から治療法が見つかる可能性もある。だがほとんどの場合、私たちはわずかな知識しか得ていない。科学者ががんに関連したある酵素系を発見し、がんの治療を目的として、その酵素分子を阻害する薬物分子を見出すかもしれない。すると期待が高まる。

たまには、よい結果につながるものもある。抗がん剤のグリベックはまさしくこの考えに基づいて開発され、画期的な成功を収めた。だがほとんどの場合、一つの生体分子に一つの薬物分子という戦略は失敗する。「とにかく、いくつかの華やかな成功がみなの記憶に残り、膨大な数の失敗は忘れられます」とスキャネルは話した。そして、人びとはそれらの成功を、分子対分子というアプローチがうまくいっている証と見るが、ほとんどの場合、それは失敗だと彼は主張する。「物事を本当に理解するためには、体内の分子をくまなく探す必要があると、ほぼ自動的に考えてしまいます」。だが、実際のところ、分子で医学の進歩を説明できる部分はほんの少ししかない。

なぜ、ほとんどのアイデアが失敗するのか？　科学者は、運の悪さのせいにする傾向がある。だが、進化によって生体には多くの冗長なシステムが生み出されてきたので、複雑なネットワークのなかでたった一つの経路を標的にしてもうまくいくことはまずありえない、とスキャネルは主張する。ダイエット薬がよい例だ。「（象徴的な例で言えば）餓死を防ぐため、一七種類もの生物学的メカニズムが進化しました。ですから、それらのメカニズムの一つを狙って投薬したところで何にもならないでしょう！」。がんに至る経路がたくさんあることから、なぜ抗がん剤がしばらくは効き目を発揮するのに、しばしばその後効かなくなるのかも説明できる。腫瘍が抗がん剤対策を進化させるのだ。

新薬開発が急速に進んでいた数十年前、医師たちは生物学の深い理解に基づいて新薬を生み出そうとしていたわけではない。何が効くのかを、マウスではなく単に人間で実験したのだ。「必ずしも昔のやり方を擁護するつもりはありません」とスキャネルは述べた。「今、一九五〇年代や六〇年代に新薬開発が実際にどうやって成功したのかを人びとが知ったら震え上がると思います。ですが、それが薬を見出すための効率的な方法だったというのも歴史的事実だと思うのです。それは倫理的に受け入れがたい事実かも知れませんし、誰もそんなやり方を決して望まないでしょう。でも、おそらくそのようなやり方の一部については、大きなリスクを冒さずにふたたびできると思います」

すばらしい成功を収めた薬のなかには、運よく見つかったものもある。代表的な例が、2型糖尿病の治療で最もよく用いられるメトホルミンだ。数十年前、フィリピンのある研究者が、インフルエンザやマラリアの治療のために見立たない化合物について研究し、その化合物には血糖値を下げる効果もあるようだと報告した。一九五七年、パリの科学者が、発表されたその観察結果に気づき、その薬を動物で試した。一九六〇年代にイギリスの研究者たちがそれを糖尿病の患者に使ってみたところ、驚くほどよく効いた。この薬、メトホルミンはもともと、薬草の抽出物として発見された。今でも、その生物学的メカニズムは謎だ。だとしても、かまわない。効くのだから。

新薬開発では、今なお運が大きな役割を果たす。自分の患者を観察している医師が、驚くべき発見をすることがたまにある。たとえば、血圧管理のためにミノキシジルという薬を服用していた患者たちが、ふつうより髪がよく伸びることに気づいた。それで育毛剤のロゲイン〔日本では一般用医薬品のリアップなど〕が誕生した。そして、現在用いられている医薬品には、承認された有効成分が一〇〇〇種類以上あるので、意外な成り行き（ときには喜ばしいもの）は当然ある。「薬の新しい用途のほとんどは、臨床で患者を観察している医師によって見出されます」とスキャネルは話した。

ここで二つの教訓が得られる。一つ目は、特定の薬がピンポイントの正確さで働くという想定はしないほうがよいということだ。ほとんどの薬は「魔法の弾丸ではなく魔法の散弾です」と、スキャネルは述べた。それに、「的外れ」の作用が役立つこともある（当然ながら、的外れの作用が不快な副作用になることもある）。二つ目の教訓は、多くの重要な発見が、ケージに入れられたマウスではなく病院や診療所の人間から始まるということだ。[16]

基礎生物学からの新薬開発アプローチに希望が持てないわけではない。バイオ医薬品として知られる新世代の薬で、成功例が増えつつある。バイオ医薬品は、特定の標的を狙い撃ちにするように設計された抗体などの分子だ。バイオ医薬品ではときどき、基礎的な生物学的知見が価値ある治療法にうまくつながっている。一例がチェックポイント阻害薬だ。それにより、がんと戦う免疫系の経路に作用して最終的にがんを抑制すると期待されている。その開発状況は支持者たちが望んだほど目覚ましくはないことがわかってきたのに加え、その効果も今のところ一部の患者に限定されている。ただし、これらは開発されてからまだ日が浅い。

動物実験には不十分な点がいろいろあるが、新薬の探索研究で動物は引き続き重要な位置を占めるだろう。モデル生物は、今も基礎生物学に対して貴重な洞察を与えてくれる。テトラヒメナはテロメアに関する真相解明に役立つし、ショウジョウバエは遺伝学に洞察をもたらす。それに、マウスも脳の基本的な配線の研究に用いられる。人間のみを研究したら、そのような洞察を得るのははるかに困難だろう。それに多くの場合、人間での研究が倫理的に不可能なことは言うまでもない。

たとえそうだとしても、基礎生物学から医療の進歩へは、決して簡単には結びつかない。そして、それは生物医学研究のいたるところで用いられるもう一つのツールにも当てはまる。そのツールとは、研究室のフラスコに浮かぶ、肉体から切り離された培養細胞だ。さまざまな歴史から、培養細胞を用いる研究に問題がはびこっていることが示されている。だが、それに対する重大な警告はほとんど無視されてきた。そこには、生物医学研究の厳密性と再現性に関して特に厳しい戒めとなる話がある。

第5章　疑惑の細胞と抗体

研究室にはびこるがん細胞

一九九四年、オハイオ州立大学のニナ・デサイらが朗報をもたらした。体外受精児を誕生させる新たなツールを作り出したと発表したのだ。デサイの研究チームは、ある女性の子宮からヒト細胞株を分離し、それらを首尾よく研究室内で無限に増殖させたと述べた。[1] チームは、これらの細胞をミクロな子守として利用する計画を立てた。具体的に言えば、不妊カップルが子どもを授かるのを助けるため、研究室内で育てられているヒト胚に、これらの細胞から成長因子を提供してもらうのだ。

デサイはクリーヴランドに移り、二〇〇〇年、クリーヴランドクリニック財団の体外受精研究部長になった。そして、自分の生み出した特別な細胞株をクリーヴランドで活用した。デサイが二〇〇八年に発表した論文によれば、彼女は一万五〇〇〇個から三万個のこれらの細胞をプラスチックのシャーレに入れたという。[2] 透過性の膜によって、それらの細胞は胚と直接接触しないようになっていたが、細胞が産生する生物学的物質は第二の培養容器に流れ出る。その容器に、女性の子宮への移植に向けて育てられている胚が入っていた。デサイの報告では、二〇〇四年一月から二〇〇七年三月に、三一六人の女性の胚を処置するためこの方法を用いたとのことだ。論文が発表される日までに、その試験的な方法によって、七六人の女性が健康そうに見える一一一人の赤ん坊を出産していた。

だが、話はそれほど単純ではなかった。デンバーにあるコロラド大学医学部のクリストファー・コーチはこの論文を見つけ、デサイが樹立したとする細胞株の正確な正体は何だろうかと頭を悩ませた。正常な細胞は、誘導すれば研究室内でしばらく増殖するが、最終的に力尽きる。だが、デサイの細胞株は増殖し続けた。不死になっていたのだ。「不死と聞いたら、本当に心配しないといけないんですけどね」とコーチは述べた。「それは、そこに何か別のものが紛れこんでいるという警告サインです」。細胞が自発的にほかの細胞に変わることはまずないが、増殖の活発な細胞株が混入を起こし、研究室じゅうに広がることが容易に起こりうる。この深刻な混入問題は半世紀以上前から起きており、生物医学研究文献のかなりの部分で、その疑惑が持たれている。

ヒト細胞を研究室で増殖させ続けることに、科学者は一九五一年に初めて成功した。ジョンズ・ホプキンス病院の研究者たちが、一人の女性から子宮頸がん組織を取り出した。その女性の物語は、レベッカ・スクルートが著した『不死細胞ヒーラ――ヘンリエッタ・ラックスの永遠なる人生』（中里京子訳、講談社）にくわしい。それらの急速に増殖する細胞は、特に子宮頸がん、そしてより一般的にはヒト生物学の研究に興味を持つ科学者にとって格好の実験ツールになった。人間から抽出されたふつうの細胞とは違い、これらの細胞は分裂と増殖を無限に続けた。「ヒーラ細胞」と名づけられたこの不死化細胞株は、たくさんあるこの種の細胞のまさに最初の株だった。そしてヒーラ細胞は非常に増殖が速く、生物医学研究の研究室に広がる貪欲な雑草となった。衛生管理に少しでも落ち度があると、ヒーラ細胞は、ほかの細胞株を培養している別のシャーレに入りこむ。すると、増殖の速いヒーラ細胞があっというまにほかの細胞を締め出して完全に乗っ取ってしまうのだ。

一九六〇年代から七〇年代、ウォルター・ネルソン・リースは、さまざまながんに由来するとされる細胞株を試験し、それらが実際にはヒーラ細胞であることを正しく――ただしそっけなく――指摘して科学界で多くの敵を作った。ネルソン・リースはカリフォルニア州オークランドにあるアメリカ国立がん研究所の細胞バンクを管理しており、科学者たちに、乳がんにせよ肝臓がんにせよほかの何のがんにせよ、研究対象のがん細胞が当人たちの思っているものではないと気づかせるため、当時、猛烈な運動をおこなった。ネルソン・リースが展開する運動の噂は科学界を越えて広がり、当時の新聞や雑誌にも取り上げられた。一九八六年、科学ライターのマイケル・ゴールドが著書『細胞の陰謀（*A Conspiracy of Cells*）』を出版した。その本には、ネルソン・リースや彼が繰り広げたヒーラ細胞追放運動の歴史が活写されている。それで、研究で細胞を用いていた科学者たちは、リースの運動にどう反応したのか？　おおかた、その問題を無視した。

確実な細胞の由来検査を簡単に利用できる今日でも、ヒーラ細胞は別の細胞を研究しようとしている研究室でしょっちゅう現れる。口腔がんの研究で広く用いられるＫＢ細胞は？　実際にはヒーラ細胞だ。喉頭に由来するがんのサンプルだと考えられるヒト上皮細胞（ＨＥｐ－２細胞）は？　それも実際にはヒーラ細胞だ。チャン肝細胞、ヒト腸由来細胞（Ｉｎｔ－407）、ＷＩＳＨ細胞は？　どれもヒーラ細胞である。それは今となっては古い話だ。どれも一九六〇年代に正体を暴かれた。それでも、七〇〇〇件を超える研究で、ＨＥｐ－２細胞やＩｎｔ－407細胞が実際にはヒーラ細胞だと気がつかれぬまま使われてきた。それらの研究に費やされた金額は、七億ドルに達すると見積もられる。[3]

しかも、それは氷山の一角にすぎない。二〇〇七年のある研究は、細胞を用いた全研究の一八～三六パーセントで誤認細胞株が用いられていると推定している。[4]そのような研究を合わせると何万件にもなり、研究費は何十億ドルにものぼる。そのような誤認細胞株の約四分の一が実際にはヒーラ細胞だが、別の細胞になりすました細胞はほかにも山ほどある。動物種すら正しくないことさえある。ネルソン・リースは、ある「マングース」の細胞株が実際にはヒトの細胞であることを見つけ、「ハムスター」の二つの細胞株が、それぞれマーモセットとヒトの細胞だと突き止めた。「マルクス兄弟が培養細胞研究室を乗っ取ったのか？」[5] ローランド・ナーダンは、この事態を嘆く二〇〇八年の論文でこう問いかけた。

アメリカ・カトリック大学の生物学者ナーダンは二〇〇五年、息子から七七歳の誕生日を祝ってもらい、これからの人生の抱負を尋ねられたのを機として細胞混入の原因究明に取り組んだ。彼はしばらく考えをめぐらせたのち、ネルソン・リースが中断したところに手をつけることにした。二〇一五年、モジャモジャの白髪にゲジゲジの白い眉のナーダンは八七歳にして、車椅子から立ち上がってアメリカ国立衛生研究所（ＮＩＨ）の演台をつかみ、この明らかな問題を正そうと一〇年間追求してきた取り組みについて講演した。彼は二〇〇七年、こうした偽の細胞株をいっさい許さないことを求める論文を書いていた。「長いものに巻かれろという研究者ばかりだろうと思っていました」と彼は述べた。そうではなかった。実際、ＮＩＨはナーダンのレター論文にすぐ反応し、新たな方針を打ち出した。「もっとも、それは強力ではありませんでした」と彼は言った。「単に警戒や監視の強化を促しただけでしたから」。『ネイチャー』誌は二〇〇九年、細胞誤認問題を正すために新たな方針を設けるとする論説を発表したが、実際には何年間も正式な対応策を取らなかった。ナーダンは講演の途中で、無理もないことだが憤りを募らせた。「細胞で研究しているのに、細胞が信頼できるものであることをよく証明せずにいられたもんだ！」

この問題に危機感を募らせている科学者は、ナーダンだけではなかった。やがて、一つのグループがまとまり始めた。オーストラリアの細胞生物学者アマンダ・ケイプス・デイヴィスは、この緩やかに結びついた一団のリーダーになった。彼女は、シドニーにある自分の研究機関で細胞バンクを立ち上げていた。そして、科学者のあいだで出回っている多くの細胞が誤認されていることにすぐ気づいた。彼女は、誰かがそれらのペテン細胞のリストを作成していないかと探し回ったが、一つも見つからなかった。そこで二〇〇九年、仕事を辞めてこの件に専念することにした。「自宅で六カ月間を費やし、妥当と思われるリスト作りに取り組みました」と彼女は話した。作業が三分の二ほどまで進んだとき、スコットランドの細胞バンク科学者R・イアン・フレシュニーもリスト作りを進めていることがわかった。「はじめは、六カ月を無駄にしてしまったと思いました。ほかの人が、もうやっていたのですから」とデイヴィスは言った。「でも次に、二つのリストを見てみようと思いました」。その結果、二つには共通する部分も多かったが、二人がそれぞれ科学文献から問題含みの細胞株を独自に見つけ出していたこともわかった。こうして協力関係が生まれた。

彼らの誤認細胞株のリストは、だんだん増えて数百株に達した。[6] こうした当てにならない細胞を特定する手法には、さまざまなものがあった。一九七〇年代から八〇年代、ネルソン・リースは細胞を顕微鏡下で観察し、細胞の染色体バンドのパターンを見た。彼は酵素試験もいくつかおこなった。このような試験から得られる情報も多かったが、それではまだ決め手にはならなかった。だが二〇〇〇年には、細胞株を特定する遺伝子指紋法が手軽に使えた。そこでアメリカの研究用細胞バンクであるアメリカ培養細胞系統保存機関（ＡＴＣＣ）は、世界中の生物学者が細胞株の確認に用いる標準の試験を決定するときだと判断した。当局は、ケイプス・デイヴィスとフレシュニー、彼らの仲間の小グループに、じっくりと標準の試験を定めるように要請した。作業には二年を要したが、最終的には信頼性と再現性があって安価な細胞指紋法が決まった。一般的なケースでは、一つの試験に二〇〇ドルもかからない。

細胞誤認問題全体がケイプス・デイヴィスの打ちこむ仕事となり、彼女はシドニーの自宅にある仕事場で自発的に活動した。彼女の情熱は、一部は知的なもの――ここには解決すべき興味深い謎がある――で、一部は倫理的なものだった。「（研究者として）細胞株を樹立しようとしたとき、細胞提供候補者を訪ねてサンプルを集めました」と彼女は述べた。「私たちには、それらのサンプルに気を配る責任がありますﾞ」。標準試験を手にしたことで、ケイプス・デイヴィスはその後、この件をめぐって誕生した国際細胞株認証委員会（International Cell Line Authentication Committee）の委員長に任命された。同委員会は、誤認細胞株のリストを維持して更新する。そのような細胞株は、二〇一六年には四三八株にまで増えており、終わりは見えない。そして彼女は、これらの当てにならない細胞株の歴史、特にネルソン・リースが数十年前に早くも警告を発していたＫＢ細胞やチャン肝細胞などの歴史を暴き続けている。「それらは私にしてみればホラーストーリーですよ。いまなお、そういう細胞が広く使われているのですから」と彼女は述べた。「これらの細胞は一九六〇年代に現れたものです。なぜ、いまだにそれほど多く使われているのでしょう？」

乳がんに間違えられた細胞

アマンダ・ケイプス・デイヴィス、クリストファー・コーチらが調べたなかで特にひどい例の一つが、乳がんの研究に広く用いられているある細胞株だ。この話は、一九七六年一月二三日にヒューストンで始まる。三一歳の女性が、MDアンダーソン病院がん研究所（MDアンダーソンがんセンターの前身）で早期発症乳がんと診断された。肺に液体が貯留していた。病院の職員が液体を注射器に吸い取り、レルダ・ケイローの研究室に届けた。ケイローらは、培養用の乳がん細胞を採取する六年間のプロジェクトを実施しているところだった。この若い女性から得られた細胞はシャーレにちゃんと定着し、同がん研究所で一九七三年から七八年に抽出された一九種類の乳がん細胞の一つになった。[7] それは「MDA－MB－435」（「MDA－435」とされることもある）と名づけられた。その細胞は、きわめて有用だとわかった。がんが人間で転移するのと同じ仕方で、マウスでも広がるというまれな能力を持っていたのだ。ほどなく、全米の研究室が転移性乳がんを研究するためにMDA－MB－435のサンプルを強く求めるようになった。その細胞は大変な人気を呼んだので、アメリカ国立がん研究所は一九八〇年代後半、それを重要な六〇株の一つに選んだ。六〇株はその後、大きな注目を集める。「NCI－60」と名づけられたこのコレクションは、何十万種類ものがんの新薬候補を試すために用いられるのだ。長年にわたって、MDA－MB－435を用いた乳がんの実験を報告する膨大な数の論文が雑誌に発表された。科学者たちは、自分たちが乳がんのよりよい治療法、さらにはその治癒に向かって突き進んでいることを願った。ところが、ＭＤＡ－ＭＢ－435はペテン細胞だった。

細胞の正体は偶然に暴かれた。さかのぼること一九九〇年代、スタンフォード大学の科学者たちが、生物サンプルを見て任意の細胞における遺伝子のオン・オフが目でわかる試験を開発していた。有名なある研究室の博士研究員（ポスドク）ダグ・ロスは、この強力な新しい遺伝学ツールの開発に協力した。ロスを指導していたパトリック・ブラウンは、ＮＣＩ－60に含まれる六〇株すべてを調べるという人気のプロジェクトをロスに任せた。ロスたちは、これらのがん細胞に含まれる約八〇〇〇種類の遺伝子を調べて何らかのパターンを探す実験を計画した。どの遺伝子がオンだったか？　どの遺伝子がオフだったか？　そのパターンは、あるタイプのがんと別のがんでどう違うか？

二〇〇〇年三月、ロスらは興味深い結果を報告した[8]。彼らの強力な新技術を用いると、遺伝子の活性化と休止のパターンを見るだけでがんの種類を見分けることができたのだ。ＮＣＩ－60に含まれるさまざまな肺がん細胞には、一つの遺伝子発現パターンが共通に見られた。前立腺がん細胞には別のパターンが見られた。皮膚がんの一つである黒色腫（メラノーマ）には、やはり独自の遺伝子発現パターンがあった。そして、乳がん細胞もそうだった。いや、はっきり言えば、ほぼすべての乳がん細胞がそうだった。ところが、ＭＤＡ－ＭＢ－435は、乳がんのようには見えないという結果が出た。ＭＤＡ－ＭＢ－435の遺伝子パターンは黒色腫細胞と一致しており「じつのところ乳がん細胞株とは関連がありませんでした」とロスは話した。「そこで、自分たちが失敗したのではないということを確かめるため、実験を繰り返しました」。それでも、同じ黒色腫のパターンが得られた。ロスはスタンフォード大学の同僚から、MDA－MB－435の別のサンプルを借りた。結果は同じだった。それも黒色腫によく似ていた。「私たちは論文で、その細胞の由来組織が誤認された可能性に触れました」と彼は述べた。

さらなる調査によって、MDA－MB－435は、NCI－60に含まれるM－14という黒色腫細胞とほぼ同じであることが明らかになった。アメリカ国立がん研究所は乳がん研究者に警告するため、MDA－MB－435は誤認されているらしいという注意書きを掲示した。[9]だが、この「乳がん」を長年研究してきた科学者のなかには、耳を貸さない者もいた。「彼らは、その細胞株に注ぎこんだ膨大な労力を重んじました」とロスは言った。一部の研究者は、MDA－MB－435はやはり乳がん細胞だと考えられるという点を説明しようとして、複雑な根拠を練り上げた。もっとも、その主張は乳がん研究分野でほとんど影響力を持っていない。「彼らは単に肩をすくめて、『あれが乳がん細胞ではないとは私にはとても思えませんが、みなさんはそう信じたがっているのですよ』と言います」とロスは話した。いまだにこの細胞が黒色腫細胞株だと気づいていない科学者も多く、この皮膚がん細胞に基づいた「乳がん」の研究の発表は続いている。科学雑誌でMDA－MB－435を扱った論文は、今や一〇〇〇本を超えている。しかもほとんどは、ロスらの研究結果が報告された二〇〇〇年以降に発表されたものだ。この間違った細胞のいい加減な利用によって、乳がん研究がどれほど遅れたのかは知るよしもない。

クリストファー・コーチはこの話に興味をそそられ、ケイプス・デイヴィスとともに数週間を費やして真相を突き止めた。すでに学術界から引退しているコーチは、ケイプス・デイヴィスやローランド・ナーダンと同じく、細胞培養をめぐって数十年にわたりへまが続いてきた状況を整理することにエネルギーを注いでいる。調査研究のなかで特に突き止めようとしてきたのは、MDA－MB－435だと正しく呼べる、混入のない元の乳がん細胞があったのかということだ。その難問を追求するうちにコーチは、一九七九年にある学生が出した卒論のなかに、ヒューストンのレルダ・ケイローとロサンゼルスのドナルド・モートンが共同研究をおこなっていたことをほのめかす言及を発見した。三一歳の患者が乳がん細胞を含む液体を提供する一年前に、モートンは黒色腫細胞株のM－14を単離していた。コーチは、ケイローがモートンの研究室を訪ねたときに、ケイローの細胞株で混入が起こったのではないかとにらんでいる。

コーチは、毎日何時間もかけて、MDA－MB－435だけでなく、そのほか多くの細胞株の古い歴史をじっくり調査していると話した。それには興味を引く探偵小説のような一面もあるが、コーチはこの問題の規模を測りたいとも思っていた。そこで、混入が起きていることが知られている細胞株のリストから手をつけた。たとえば、ヒト腸由来とされたが実際にはヒーラ細胞であるInt－407は、発表されている少なくとも一三〇〇件の実験で用いられている。やはりヒーラ細胞であるHEp－2細胞は、五七〇〇本の論文で用いられている。これらの合計からコーチは、偽の細胞株に基づいて一万二〇〇〇本あまりの論文が出ていると見積もった。だが、それで終わりではない。彼の推定によれば、それらの論文はそれぞれ、ほかの論文に平均で三〇回引用された。「この掛け算を始めると、細胞株の不適切な利用に何十億ドルもの金が費やされたという話になるのですよ」

ところで、そのような研究努力がまったく無駄になったわけではない。アメリカ国立がん研究所のマイケル・ゴッテスマンは、一九八〇年代に国立の細胞バンク（アメリカ培養細胞系統保存機関）からＫＢ細胞を入手し、なぜ腫瘍が抗がん剤への耐性を獲得するのかを解明する研究で、その細胞を用いた。ＫＢ細胞がヒーラ細胞だったとわかったとき、ゴッテスマンは喜んだわけではない。だが、自分の場合には実際のところ問題ではなかった、と語る。「私たちは、腫瘍の発生起源にはあまり関心がありませんでした」と彼は話した。「ただ、がんの細胞株がほしかったのです。その細胞には、私たちの求める特性がありました」。その細胞は急速に増殖し、抗がん剤への感受性が比較的高かった。だから、ゴッテスマンはそれらの細胞から遺伝子を抽出して研究を進めることができた。「（細胞株の誤認に）問題はありますが、それで必ずしも研究が台無しになるわけではありません」と彼は述べた。

コーチは、混入のある細胞を用いる研究が丸損ではないという点に同意する。「ですが、有用なものを見つけるために、どうやって籾殻（もみがら）からコムギをより分けるのです？」。欠陥のある研究を特定することさえ、単純な問題ではない。たとえば、医学データベースで「ＫＢ」を検索すると、「ＫＢ」という文字列を含む論文があふれるほど見つかるだろう。なぜなら、ゲノミクス研究でしょっちゅう使われる「キロベース」という単位の略語がKBだからだ。「文献で、それが整理されることは決してないでしょう」。コーチはそう話した。「途方もない仕事ですからね」。この手の問題について二時間以上話し合ったあと、私はコーチに、これらの問題に取り組むのは情熱と執念のどちらによるのかと尋ねた。彼は一息ついて、白いあごひげをなでた。「境界線はどこでしょうね？」と彼は笑顔で答えた。「どちらかというと、私は執念深い人間だという気がします」

その執念から彼はついに、ニナ・デサイがクリーヴランドクリニックでおこなった研究に関する論文を書いた。コーチははじめ、その細胞の正体を突き止められなかった。なぜなら、デサイは発表ずみの論文で、それを一度も名前で呼んでいなかったからだ。だが、その後コーチはたまたま、デサイとエモリー大学の研究者らが、あるヒト子宮内膜細胞株を「EM－42」という名で呼んでいる学会抄録を見つけた。

そしてついにEM－42細胞のサンプルを見つけ出すと、一番恐れていた事態が起きていたことがわかった。それらは結局、健康なヒトの細胞ではなく、ヒーラ細胞だったのだ。ただしコーチには、EM－42細胞が、デサイが不妊治療院で用いたのとまったく同じ細胞株だとは言い切れなかった。もしかしたら、デサイは別の細胞株を用いたのかもしれないし、ヒーラ細胞による汚染は不妊治療のあとに起きたのかもしれない。科学者たちは通常、実験材料を共有して話し合うことで、このような疑問を解決する。だがコーチの話によると、デサイは、この問題を解決するためにコーチが送ったEメールや電話に応答しなかったという。

もしEM‐42細胞が用いられて不妊治療がつつがなくおこなわれたのなら、ヒーラ細胞は膜によって、発育しつつある胚から隔離されていたのだろう。しかし、研究室ではミスが起こるものだ。それに、膜では、DNAの断片やウイルスががん細胞からヒトの胚に移動するのを止められないだろう。不妊治療院の科学者たちは、がん細胞を用いていた可能性を知っていたのか？　それに、治療を受けていた親たちはどうだったのか？　コーチは問いかける。誤認細胞株が用いられたかもしれないあらゆる例のうち、「それが私の見たなかで最も恐ろしいケースです」と彼は述べた。

アメリカ生殖医学会の最高科学責任者アンドルー・ラ・バーベラからすれば、体外受精でがん細胞を用いることは、安全地帯からはるかに逸脱してもいる。ラ・バーベラは、体外受精を扱う研究室で働いていた経歴を持つ。そんな彼は、がん細胞株でヒト胚を育成することなど思ってもみなかっただろう。「私たちなら、それは危険をはらんでいると見なしたでしょう」。がん細胞の正確な正体はともかく、これらの細胞が際限なく増殖していたという紛れもない事実は、細胞に何か異常があることを示唆していた。「いかなる細胞株にせよ、無害であることがどうやったら証明できるのかわかりません」

不妊治療はこれまで、不確実な領域を進んできた。一部の医師は、ヒト胚の発育を助けるため、サルやウシから採取された細胞と混ぜることを試みた。二〇〇二年、アメリカ食品医薬品局（F

ＤＡ）は、ウイルスがヒトの胚に感染する危険性を踏まえ、そのような手法に対する不賛成の意を正式に表明した。デサイが二〇〇八年に発表した論文では、生まれた赤ん坊はみな健康だと報告されていた。本書の執筆時点で、子どもたちは一〇歳くらいになっていただろう。ラ・バーベラは、研究室で万一のことがあった可能性を、念のため母親たちに知らせるべきだと述べた。しかし、クリーヴランドクリニックやデサイもその必要性を認識しているとしても、何も言っていない。私はこの件でデサイと話をしたかったが拒絶されたし、クリーヴランドクリニックも、不妊治療の実験に参加した患者たちを守るために、そのプロセスに関するコメントや話をしようとはしなかった。

シャーレで起こる進化

混入の起きた細胞株は、さまざまな研究をゆがめる。脳腫瘍の一種である膠芽腫（こうがしゅ）の研究もそうだ。七〇〇件を超える研究で、Ｕ－373という細胞株が用いられたと報告されている。Ｕ－373は、もともと脳腫瘍の神経膠腫（こうしゅ）細胞から単離されたものだ［膠芽腫は神経膠腫のなかで最も悪性度が高いもの］。たとえば、Ｕ－373を用いたベルギーのある研究で、ＩＳＯ－１という試験薬には脳腫瘍の治療薬として試験する価値があるかもしれないと主張された[10]。だがあいにく、そのような研究の多くは無駄な努力だったかもしれない。Ｕ－373を広く入手できるようにしたのは、信頼できる細胞株の権威筋とされるアメリカ培養細胞系統保存機関（ＡＴＣＣ）などの細胞バンクだった。しかし一九九九年、U－373を注文したら実際には別の細胞株であるU－251が届くという事態が発覚した。一見、これは一大事ではなさそうに思われた。U－251もたまたま神経膠腫細胞だったので、U－373を用いていた科学者は、少なくとも研究対象としている病気を研究していたからだ。だが二〇一四年、細胞をくわしく調べたノルウェーの科学者たちは、発見したものに大きな不満を抱いた。それらのU－373は、単に表示が間違っていただけではなかった。それらの細胞はU－251の一つの系統で、長年出回っているあいだに多くの変異やその他の遺伝子変化が蓄積されており、膠芽腫とはほとんど似ていないことがわかったのだ。それどころか、これらの細胞がそもそも人間のがんと関連があるのかさえ、まったくわからないほどだった。

細胞バンクは、適切な表示がなされたU－373細胞の初期のサンプルを見つけ出し、二〇一〇年以降、ふたたびそれらの細胞を利用できるようにした。だが、新たな研究を始めるときにわざわざ細胞バンクから新しい細胞源を購入する研究者は多くない。研究者は、冷凍庫に保管してある古い細胞を取り出したり、廊下の先にいる同僚から細胞を借りたりすることがある。するとどうなるか？ 科学者たちは、「U－373」細胞を用いた研究をずっと発表し続けている。「そのような研究では、二次汚染したU－251が用いられたのか、正しいU－373が用いられたのかが明らかではない」と、ノルウェーのベルゲン大学に所属するアンニャ・トルスヴィクらは二〇一四年の論文に記した。[11]

膠芽腫細胞株で最もよく用いられるのはおそらくU87という細胞株で、それを用いた研究の論文は、これまでに一七〇〇本以上発表されている。そして、Ｕ87にも問題があることがわかっている。スウェーデンのウプサラにいる生物学者たちが約五〇年前、脳腫瘍のある四四歳の女性からその細胞を単離し、研究室で永続細胞株として増殖させることに成功した。[12] 二〇一六年、スウェーデンの科学者たちが、冷凍庫に保管してあったもともとのＵ87と、ＡＴＣＣから販売されていて世界中で広く用いられているＵ87を比較することにした。[13] 両者は一致しなかった。ある時点で、ペテン細胞が乗っ取ったのだ。実際、広く用いられているＵ87にはＹ染色体が含まれているので、それは男性に由来するらしい。幸い、ペテン細胞もやはり脳腫瘍だ。とはいえこの一件は、細胞バンクによって確認されている細胞株すら誤認されている可能性があることを示している。

そもそも、細胞株に頼る研究にどれほどの価値があるのかよくわからない。病気をシャーレで研究できる利便性は科学者に歓迎されるが、そのような研究の結果は人間の病気に当てはめにくいこともある。研究室で細胞を増殖させる行為そのものが、細胞を大きく変える。まず、細胞培養の典型的なプロセスでは、プラスチックのシャーレに一層で接着して増殖する細胞が選択される。細胞は通常の大気酸素濃度にさらされるが、それは腫瘍内で細胞が触れる酸素濃度の四倍ほどある。「腫瘍の増殖に影響する多くの調節因子は酸素によって制御されますので、それは大きな違いです」とＮＩＨのマイケル・ゴッテスマンは述べた。これらの培養細胞は、腫瘍のなかよりはるかに速く増殖する。じつは、あらゆる種類のがんに由来する細胞株が、最後には、それらが採取された元の腫瘍よりも互いにずっと似てくる。したがって、腫瘍内の細胞と、プラスチックのシャーレ内で増殖するその子孫細胞の違いはずいぶん大きい。「ヒーラ細胞は新種だと言う人もいますよ」とゴッテスマンは話した。「ヒーラ細胞はヒトの要素をたくさん持っていますが、すっかり進化しています。ゲノム構造が大きく変わっています。ヒーラ細胞は組織培養のなかで生き延びています。よく増殖します。要するに、適応のためにこれらの変化を起こしてきたのです」。それは、現在の住処となっている環境になじむためだ。

ゴッテスマンの話では、プラスチックのシャーレで増殖するがん細胞からでも有用な情報が得られるということだが、結局のところ、培養細胞を用いた実験が人間の腫瘍の治療と直接結びつくことはあまりない。アメリカ国立がん研究所は一九八〇年代、抗がん剤のスクリーニングに利用してもらう目的で、おもながん細胞六〇株からなる「ＮＣＩ‐60」を作り上げた。これらの細胞で有望性を示した薬は人間の腫瘍にも効果があるだろうと、大きな希望を抱いたのだ。「それは期待はずれもいいところだったと思います」とゴッテスマンは言った。「基本的にはうまくいきませんでした[14]」。ゴッテスマンと一部の同僚は、ＮＣＩ‐60を用いた長年に及ぶ実験を振り返り、その膨大な研究努力から見出された薬を探した。見出されたのはたった一つ、多発性骨髄腫（免疫細胞のがん）の治療薬ベルケイドだけだった。私がゴッテスマンと話し合ってから数カ月後、アメリカ国立がん研究所はＮＣＩ‐60のプログラムを終了した。同研究所は、より期待できる新しい方法を立ち上げている。

細胞認証に残る課題

あちこちで耳にする誤認細胞株の問題を避けるのは難しくない。科学者は実験を始める前に、細胞のサンプルを民間の試験所に送って、細胞が自分の求めるものであることを確かめるべきだ。それに、実験終了後にも同じようにして、細胞が本物であることを確認すべきである。科学研究の資金提供機関や専門誌の編集者は、細胞を確認するよう科学者への圧力を強めているが、ナーダンが一〇年前に見出したように、当局は強要したがらない。なぜなら一つには、科学者は独立の運営者なので、何をせよと指示されるのを好まないからだ。また、細胞の認証試験は無料ではないので、やりくりに苦労している研究室では、たとえ数百ドルでも大きな負担に見えてしまう。そうしたわずかな金を惜しんで大金を無駄にする態度は、残念ながら学術科学の文化の一部だ。そして科学者のキャリアにささいな影響しか及ぼさない限り、それを変えるインセンティブはあまりないものだ。

しかし、営利研究に携わる科学者の見方はまったく違う。細胞株について間違うわけにはいかないからだ。そうした認識のもと、科学者のリチャード・ネーヴは、サンフランシスコ湾のぬかるんだ海岸沿いに位置する大手バイオテク企業のジェネンテックに入社してまもなく、混入のない細胞株のみを同社が用いていることを確認するプロジェクトにどっぷり浸かっていた。ネーヴは二〇一五年はじめ（別の企業に移る前に）、陽光降り注ぐ敷地を案内してくれ、極低温の液体窒素で満たされたきらめく三基のタンクのところに連れていってくれた。これらのタンクがジェネンテックの細胞バンクだ。内部には一〇万本近い小瓶（バイアル）が収められており、それぞれに小さじ十分の一の量の細胞が入っている。ネーヴによれば、ここに約一八〇〇種類の細胞株が保管されているという。毎朝、技術補佐員（テクニシャン）が同社の科学者からの要望に従って個々のバイアルを取り出し、バーコードを読み取ってそれが正しい細胞であることを確認してから、同社の科学研究員（ネーヴもその一人）のもとに送り届ける。細胞を使いたいジェネンテックの者は誰でも、ここから始めなくてはならない。学術研究機関でよくあるような、廊下の先にいる同僚から細胞を借りるのは厳禁だ。この手順によって、細胞株が適切なものであることが保証される。同社の細胞バンク管理者は定期的に試験をおこない、おもな悩みの種である汚染細菌やマイコプラズマの混入がないかどうかを調べる。そのような微生物が学術研究機関の研究室では何度も現れ、実験の結果が無に帰すことがある。

「細胞株のいかなる共有も避けようとしています。なぜなら、どんなことになるのか見当もつきませんからね」とネーヴは言った。彼はクルーカットにした厳格な潔癖症のイギリス人だ。ジェネンテックは定期的に細胞を外部に送付し、標準的な民間の試験で本物であることを証明してもらう。ネーヴや彼の研究チームは、ＳＮＰ解析という別の技術を用いた社内の試験システムも開発した。その試験は、研究材料に含まれるサンプル一つあたり六ドルしかかからない（当然、彼らは実験用機器にも投資しなくてはならなかったが）。ネーヴはこの問題をきわめて深刻に捉えている。現に、彼はケイプス・デイヴィス率いる緩やかなグループに参加している。ネーヴは、科学者が不適切な細胞株を突き止めるのを手助けするため、科学雑誌にデータを発表してきた。ジェネンテックの細胞取扱作業は高度に自動化されている。たとえば、ロボットが材料を移動させ、スキャナーがそのすべてを追跡する。興味深い研究結果を発表することに対して見返りがある学術研究機関の研究者とは違い、企業は、儲かる製品に研究が結びつかないと利益を得られない。間違いは時間の損失を招き、時は金なりだ。そしてジェネンテックのシステムでは、重大な問題になりうることを確かに嗅ぎつける。ネーヴはこう話した。「もし私ども（ジェネンテック）が間違いを犯しているとしたら」、学術研究機関では「いったいどんなことになっているか、神のみぞ知る、ですよ」

細胞株を検証する試験によって、万事が解決されるわけではない。たとえば、そのような試験では、細胞の由来が肝臓のサンプルなのか、脳のサンプルなのか、消化管のサンプルなのかを特定できない。細胞の由来に関する懸念は高まっている。なぜなら、科学者は絶えず新しい種類の細胞を単離して、従来の不死化がん細胞の代わりにそれらを用いているからだ。さらに、実験動物に由来する細胞を同定するルーチン化された検査がないなかで、そのような細胞の利用も増えている。したがって、科学者が現在の細胞認証技術を取り入れたとしても、生物医学研究の最新の動向についていくためには、新しい試験を開発し続ける必要があるだろう。

抗体が機能しない！

細胞株の問題では不十分とでもいうかのように、研究室でよく用いられる別のツールをめぐるさらに大きな問題が持ち上がっている。そのツールとは抗体だ。モノクローナル抗体とは、細胞内の特定の物質を認識して結合するように意図して作られた抗体である。モノクローナル抗体の働きはすばらしい。体にある自然抗体が特定の病原菌上の一個の分子を狙えるのと同様に、研究室で作られた抗体は、本来ならば誘導ミサイルのように特定の物質めがけてまっしぐらに進むはずだ。抗体が蛍光標識されている場合には、生物学者は探し求めている物質を容易に区別できる。抗体は、状況によってはきわめて信頼性が高い。たとえば早期妊娠検査では、妊娠中に産生されるホルモンを抗体によって検出できる。だが、数十億ドル規模の業界が売り出している五〇万種類の研究用抗体は、宣伝どおりに作用しないことがあまりにも多い。多くの抗体は、標的物質をウサギに注射して、産生される抗体を集めることで作られる。じつは、この技術では間違いにつながる結果が生み出されやすいのだが、生物医学研究者のあいだでこの問題の大きさに対する理解は進んでいない。

スタン・アートマンの話から、何が問題なのかがわかる。二〇一一年秋、アトランタに住む五二歳の彼は脚に黒斑があるのに気づいた。「その日はゴルフをしており、ボールを探して森に入っていきました。ダニに刺されたのかと思いました」。彼はダニの除去法をいくつか試したが、黒斑は消えなかった。たまたま皮膚科の看護師だった妻が、きちんと診断してもらうようにと夫を病院に行かせた。アートマンの話では、エモリー大学の皮膚科医には黒斑が何なのかよくわからなかった。アートマンは、万一のために黒斑を取り除いてもらうことにした。病理医たちには、それが厄介なものなのかどうかまだわからなかったので、病理サンプルはカリフォルニア大学ロサンゼルス校に送られ、さらに調べられた。その結果、黒斑はおそらく悪性黒色腫だという言葉が返ってきた。悪性黒色腫は、死亡する恐れもある皮膚がんの一種だ。

悪性黒色腫は、アートマンのように末期ではない場合、じつに悩ましい問題を患者に突きつける。手術で治癒する場合もあるが、患者は、インターフェロンを使う、不快で体へ大きな負担をかける恐れのある治療を一年にわたって受けることで、生存率を少しだけ高めることもできる。アートマンの病期だと、思いきってインターフェロン治療を受けることで恩恵を受ける患者は、三〇人に一人の割合にとどまるうえ、自分がそれに該当するのかを前もって知る手だてはない。アートマンの主治医らは、インターフェロン治療ではなく、悪性黒色腫に対する実験段階のワクチンと、そのがんが潜んでいるかもしれないリンパ節を除去する広範囲の手術を勧めた。経過観察も選択肢の一つだったが、アートマンは主治医らから次のように言われたそうだ。「あなたが、今から一年後に肺に腫瘤ができるタイプの患者だとしたら、すっかり取り除いてしまう絶好のタイミングを逃したと思うかもしれません」

アートマンは手術を選択した。だが数日後、手術部位が真っ赤になっているのに気づいて不安を募らせた。それは「ギョッとした瞬間でした。『今度は何だ』ってね」と、彼は言った。「これはいったい何なんだ?」」。それは感染だと判明し、彼はまた九日間入院して抗生物質による集中治療を受けた。というわけで、手術という無難そうな手段にも危険が伴い、手術したかいがあるかどうかははなはだ不確かだった。

「悪性黒色腫に関しては、このように大きなグレーゾーンがあります」とアートマンは述べた。こうした難しい決断の一部にでも参考にできる血液検査があれば、無がん状態を維持しているかどうかの見当がついたかもしれない。「それがあれば、いくつかの疑問には答えが出るでしょう」と彼は言った。「陽性の結果が出たら不安は取り除かれないでしょうけど、はっきりわかるほうがすっきりする気がします」

イェール大学のデイヴィッド・リムは、そのような検査の開発を順調に進めているようだった。不運にもできの悪い抗体に出くわさなかったら、成功していたかもしれない。著名な病理学者のリムは、積極的治療の追加に効果が期待できる悪性黒色腫患者を特定する検査を、市販の抗体を用いて開発できるかもしれないと気づいた。そこで、およそ二〇〇人の患者から組織サンプルを集めた。サンプルの一部は転移性黒色腫で、一部はそれほど悪性度の高くない黒色腫だった。リムは次に、抗体を組み合わせることで、インターフェロン治療やさらなる手術、そのほか危険を伴う治療が効きそうな患者を特定できるかどうかを調べるため、さまざまな企業から購入した約八〇種類の抗体を試した。抗体はみな、悪性黒色腫細胞の既知の特徴を標的としていた。どの抗体も、一つでは強力な信号を出さなかった。だが、特定の五種類の抗体がすべて標的を見つけて蛍光を発したら、そのパターンから、積極的な治療の恩恵を最大限受けられる患者を予測できそうだということをリムは見出した。「それで、検査の開発に胸を躍らせました。興奮しましたよ」リムは、別の患者グループでも同じ結果が得られることを確認したかったので、この研究を継続するため、ＮＩＨに二件の研究助成金を申請した。審査委員たちはリムの提案に大喜びし、最高の評価を与えた。リムは一〇〇万ドルの研究助成金を二件得て、研究を続けた。それから、確認実験を始めるため業者に新たな抗体を注文した。それを境に、プロジェクトはほころび始めた。リムが別のサンプルで同じ試験をしたところ、五つの抗体のうち三つは期待どおりに光った。だが、あとの二つは光らなかった。そして、三つだけでは、がん検査として十分に信頼の置けるものではなかった。どこで狂いが生じたのか？「あれが何だったのか、今でもわかっていません」とリムは述べた。注文した新しいバッチ〔くわしくは第６章〕の抗体が、当初のバッチの抗体と完全に同じではなかった、というのが彼が最も有力視している考えだ。原因は、最初の抗体と二度目の抗体が別のウサギに由来するものだったという単純なものである可能性もある。だが原因が何であれ、それは彼が開発を目指した検査にとって致命的な欠陥だった。

期待を膨らませながら数百万ドルの研究費を投じて何年も努力したのち、すべてが崩れた。[15]それでも、抗体を用いた検査法の開発というのはすばらしいアイデアに思われたが、「あの検査法をふたたび作り出すには、ゼロから始めないといけなかったでしょう」とリムは述べた。彼は意気消沈し、やる気を失った。「どうしたら、研究資金をもう一度工面できるのかわからなかったのです」。研究助成金を再度申請したら審査委員会が何と告げるかが、目に浮かぶようだった。「あなたはやってみて失敗したのですから、それで終わりです」。ということで、彼は悪性黒色腫の研究からすっかり手を引いた。

リムは、抗体がどれほど信頼できないものか気づいていなかったと話した。抗体は、研究用試薬販売会社から購入するほかの試薬と同じく信頼でき、抗体のラベルに書かれていることはそのまま信じることができると思いこんでいたのだ。しかし抗体は、特に生きた動物で作られる場合には決して信頼できない。理論的には、抗体は特異的な部位に結合するが、科学者が期待するようにたった一つのタンパク質に結合するのではなく、さまざまなタンパク質に結合する場合もある。さらに、こうした「的外れの」影響を突き止めるのは必ずしも簡単ではない。この苦い経験を経て、リムは抗体に伴う混乱の収拾を強く訴えるようになった。ただし、それは大混乱だ。グレン・ベグリーは、アムジェンで再現できなかった実験結果の多くで、どう見ても原因は欠陥のある抗体だと述べている。

論争を生んだ抗体

リムの経験は、抗体検査の問題を示す一例にすぎない。もう一つの混乱は、運動したときに脂肪の燃焼を助けるホルモンの存在そのものに疑念を投げかける。「イリシン」というホルモンは二〇一二年、ハーヴァード大学のブルース・スピーゲルマンらによって発見された。イリシンはふつうの体脂肪を、カロリーを積極的に燃やして減量に一役買う可能性がある「褐色脂肪」に変換するように見えた[16]。当然、将来の脂肪燃焼薬に関連するとあれば、何であれすぐに関心を集める。研究用試薬販売会社はすばやく行動に移り、イリシンと特異的に結合すると称する抗体を売り始めた。ほどなく、数十人の研究者がそれらの抗体検査を用いて、運動や食事、さらにはトルコ風呂が人間のイリシン濃度に及ぼす影響を調べていた。

デューク大学の生化学者ハロルド・エリクソンは、イリシンに疑いを抱くようになった。自分の研究分野ではなかったが、この件には不自然に思えることがあったので関心を持ったのだ。エリクソンは、激しい運動をした直後のウマでイリシンを見出そうとして失敗したドイツの科学者と手を組んだ。運動の直後は、まさにイリシンが血液中を循環していると予想されるタイミングだが、そのときに認められなかったのだ。エリクソンはイリシンを標的とする抗体キットをいくつか注文して調べ、それらがイリシンをまったく標的としないかもしれないと結論づけた。そして、イリシンは「神話、つまり作り話だ」とまで極言した論文を発表した[17]（イリシンはギリシャの女神にちなんで名づけられたので、言葉遊びをする誘惑にかられた）。言葉の選択については、「けっこう強引でした」とエリクソンは認めた。彼は自分の大学の広報室に、かなり好戦的なプレスリリースを出すように働きかけもし、イリシンは実際には存在しないかもしれないという主張を宣伝した。

それに対し、ハーヴァード大学のブルース・スピーゲルマンが激怒した。エリクソンのあからさまな異議申し立てを受け、スピーゲルマンらは市販の抗体検査よりはるかに感度の高い一連の新しい実験に取りかかった。彼らは、イリシンが人間の血液中を循環していることを確かに認めたと宣言する続報論文を発表した。[18] イリシンの濃度はきわめて低かった。低いこと自体は、ホルモンでは珍しくない。なぜなら、ホルモンは低濃度で働くこともあるからだ。しかし、あまりにも低濃度だと、抗体検査の結果がゆがむ可能性がある。

エリクソンは、イリシンの血中濃度はごく低いと見られるので、市販の抗体キットでは検出できないはずだと主張した（じつは、この騒動のあいだに少なくとも一社が抗体キットを市場から回収した）。私はスピーゲルマンに、それらのキットが有効と思うかどうかを尋ねた。「わかりません」と彼は答えた。「それはほかの人たちの問題です。私たちは、それらを使ったことはありません」

エリクソンはまだ疑いを抱きながらも、イリシンが存在しないとする主張を取り下げた。だが、一連の騒ぎは、その分野にちょっとした混乱を残している。アメリカでは、イリシン関連の研究で連邦政府の研究助成金を受けた研究者はわずか数人しかいない。研究の成果があれば、肥満や糖尿病、他の重大な病気に大きな影響をもたらす可能性があるにもかかわらず。アメリカ以外の研究者は、イリシンについて論文を発表し続けており、議論の余地のある抗体キットを使い続けている。製薬企業も、減量薬を目論んでひそかにイリシンの研究を進めているかもしれない。

「製薬企業は、必ずしもそれを私に言わないでしょう」とスピーゲルマンは言う。製薬企業が最終的にスピーゲルマンからイリシンの特許のライセンスを受けなくてはならないとしても、彼の話では、その減量薬を人間で試す準備が整うまで、わざわざ自分に尋ねないだろうとのことだ。

スピーゲルマンは、自分の研究結果にかなり自信を持っていた。とはいえ、科学者たちがこの刺激的な知見をめぐる事実について論争しているので、事態が収まるまでにはまだ時間がかかりそうだ。彼は、それは科学の最先端における取り組みの結果にすぎないと話した。「このようなことに関わりたくなければ、すでに一〇〇回おこなわれたことに取り組めばいいのです」

抗体試薬の四割に不備

科学者は往々にして、抗体の問題にぶつかったことに気づかないか、単にため息をついて別のプロジェクトに移る。だがデイヴィッド・リムは、役立たずの抗体への注意を呼びかけることを決意し、これを重要な問題として警告する論文を発表した。[19] その論文は三万五〇〇〇回以上ダウンロードされている。「ですから、みなさんが抗体の問題を本当に何とかしたいと思っているのだという望みはあります」とリムは話した。彼は、問題の解決策に取り組んでいる。私は、彼が監督する研究室の一つがある上の階に連れていってもらった。そこでは科学者たちが、「インデックス・アレイ」と呼ばれる顕微鏡スライドを構築していた。インデックス・アレイは、英文のピリオドより小さいさまざまな組織サンプルを点状（ドット）に塗布したスライドだ。一枚のスライドには、一〇〇個近いドットが配置されていた。そこには、各スライドが抗体を検証するミニチュア実験室になるという発想がある。抗体の液滴をそれぞれのスライドに置くと、ドットのいくつかは光るはずだが、それ以外は光らないはずだ。そして、標的物質を少量含むドットは少し光るはずだが、それを大量に含むドットは明るく光るはずだ。リムは、その違いを見分けるときに自分の肉眼を信用していない（観察者バイアスにつながりかねないからだ）。だが、発色強度を正確に測定できる機器がある。「人間を使うと（人間の目でサンプルを見させると）、失敗することはわかっています」とリムは話した。「私は人間が好きです。私もその一人です。私は病理学者が好きです。私もその一人です。ですが、その仕事にとって人間はまずいツールですね」

リムは、そのような精密機器のいくつかの開発と商品化に寄与した。それらは現在、研究室向けに売られている。リムはまた、抗体を扱う企業に、同じくインデックス・アレイ検査スライドを作って販売してもらおうとしている。インデックス・アレイ検査は抗体問題の解決に向けて大きな役割を果たすだろうが、コストが高くつく。リムの研究室は、一つの抗体の働きを確かめるスライドを作るのに二カ月以上と一万ドルを費やした。そのようなスライドを五〇万種類ある抗体の一つ一つに作るとなると、数十億ドルかかるだろう。

二〇一四年、リムはロンドンのセントジョンズ研究所で開かれた学会で、抗体に関するあらゆる問題を提起した。発表を終えると、大手抗体企業アブジェントのジョン・マウントゾウリスが、同社は最近、カタログに載せている一万八〇〇〇種類の抗体すべてについて非常に基本的な検査をしたと発言した。「その結果、数千種類の抗体を即刻、販売中止にしました」と、マウントゾウリスはその会合で話した[20]。それは彼の企業にとって報いを受ける瞬間だった。「抗体販売による収益は、確かに減少しました。それが短期的なものであることを望んでいます」と彼は述べた。その代わり、彼は同社の上層部にこう請け合った。「顧客である科学者たちは最終的に、弊社と同様の表示がなされているがあまり厳密に検証されていない（しばしば低価格の）抗体を販売しているほかの数十社から購入するより、検証された抗体を購入したほうがよいとわかってくれるでしょう」と。

マウントゾウリスは学会の出席者たちに、同社は既存のカタログから製品数を減らしただけではなく、新しい抗体の導入ペースを一年に四〇〇〇～五〇〇〇種類から一〇〇〇種類へと大幅に下げたと話した。「そうすることで私たちは、みなさまに買っていただける抗体を、自信を持って作り出せます」

抗体業界では、イギリスの企業アブカムが群を抜く大手だ（ただし、参入企業が非常に多いので、アブカムの市場シェアは二〇パーセントほどしかない）。アブカムも、信頼できない抗体を排除し、価格より品質に基づいて販売するため、自社のシステムを強化してきた。アブカムの役員から聞いたところでは、同社は販売するほぼすべての抗体を検証するため、基本的な手順をいくつか踏んでいるという。アブカムはまた二〇一五年、抗体の選別を開始した。ＣＲＩＳＰＲという遺伝子編集技術を用いて、抗体が狙うとされる標的を細胞から除去する方法を用いる。もしそれらの抗体が、意図した標的を含まない細胞に触れたときにも光を発したら、予想どおりに働いていないことが明らかだ。同社は、この方法で年間に五〇〇種類の抗体を検証しようと計画している。最初に数百種類を検証したところ、抗体の六〇〜七〇パーセントがこの厳しい検査に合格したと、アブカムの試薬・製品開発・製造部門のトップであるアレハンドラ・ソラシュは話した。当然ながら、それは裏を返せば、抗体製品の残りの三〇〜四〇パーセント——多くは研究で広く用いられている売れ行きのよい抗体——が基準に達していないということだ。「何かの抗体が検査に合格しないときは、それをカタログから外し、基本的にこの抗体がこのタンパク質に特異的に結合しないということを、お客さまにお知らせします」とソラシュは述べた。ただし、同社の製品は一〇万種類を超えており、そのほとんどが抗体だ。したがって、この高価で時間のかかる検証活動が適用されるのは、この先何年間にもわたり製品のほんのわずかに限られる。

製品の品質改善への投資を惜しまないアブカムなどの抗体メーカーは、低品質の抗体がもたらす再現性問題を多少とも改善できるとはいえ、アブカムのアメリカ担当本部長ビル・キャンベルは、私企業では問題そのものは解決できないと述べた。キャンベルは研究室で働いていたとき、欠陥材料による被害を確実に避けるため、つねに対照実験をしたという。「科学者も、適切な対照実験を確実におこない、手っ取り早い方法を採用して物事を急ぎすぎないようにする必要があります」と彼は話した。

抗体で研究を進めている科学者が、実験室でおこなわれる手順について、よくある落とし穴の回避に役立つ標準的な手順を参照できたら助かるだろう。デイヴィッド・リムは現在、それを強く求めている。あいにく、抗体に関する標準手順は、細胞株の認証に使われる標準手順ほど決して単純ではない。抗体を用いる実験のほうが多様なので、万能の解決策はないのだ。それに、細胞株をめぐる話から明らかなように、単に標準手順があれば十分というわけではない。資金提供機関や雇用主が、ほとんどの研究者に抗体の検査を強制する必要がある。

科学者たちが細胞株や抗体の認証問題に本気で取り組んだら、おそらく厳密性や再現性の問題の原因となっている事態の四分の一に対処できるだろう[21]。四分の一というのは、むろん大きな割合だ。実験計画を改善すれば、科学研究で起こるこれらの凡ミスをさらに減らせるだろう。だが、実験が注意深く計画されて実行されても、結果が注意深く解析されない限り、やはりその実験には価値がない。結果の解析が、科学的厳密性という鎖の次なる重要な輪だ。

第6章　結論に飛びつく

バッチ効果

きわめて刺激的な科学的発見がなされ、その研究へのさらなる資金投入を求める決議案を連邦議会が可決することはめったにない。だが連邦議会は二〇〇二年、ある刺激的な発表を受けて、まさにそうした。[1] アメリカ食品医薬品局（ＦＤＡ）とアメリカ国立衛生研究所（ＮＩＨ）の研究者たちが、卵巣がんの検出用に開発した新しい検査を披露した。その時点まで、卵巣がんは手術でしか診断できなかった。多くの女性は、自分が卵巣がんであることを、治療が特に難しい末期になってから知る。一方で、卵巣がんの可能性を排除するためだけに、不必要な手術を受ける女性もいる。

新技術に基づいた、この新しいとされる検査のニュースは大きく報道された。[2] それを見出した研究者たちは、テレビ番組の『トゥデイ』に出演することになった。科学者たちも興奮した。ヒューストンにあるMDアンダーソンがんセンターのキース・バッガリーらは、この種の検査ができる検査室を急いで立ち上げ始めた。その技術が卵巣がんで有効なら、同じ技術によってほかの多くのがんを、より治療しやすい早期に診断できそうだと考えたのだ。そして、新しい検査が興奮を引き起こしたのは、これが通常の血液検査ではなかったからでもあった。では、新しい概念を説明しよう。科学者たちは、血液サンプルからタンパク質を抽出して質量分析装置という機器にかけた。その機器は、本質的には質量の差によって分子を分離するマシンと言える。この検査を初めて発表した研究者たちは、卵巣がんを患った五〇人の女性と健康な五〇人の女性の検査結果を比較した。彼らの報告によれば、結果には顕著な違いが認められ、ほとんどの場合、卵巣がん患者で特定のパターンが確認された。このアイデアは、エキサイティングな先端分野に向け、第一歩を踏み出すものとなった。ほとんどの臨床検査は特定の一つの分子を検出するが、この検査は広範なパターン、すなわちタンパク質スペクトルを検出した。それは何か大きな——本当に大きな——物事の始まりに見えた。

バッガリーは当然ながら、自分もデータでそのパターンを見てみたいと思った。「私たちはそれを数カ月間、かなり詳細に調べました」とバッガリーは言った。「ですが、彼らが報告していたパターンは見つかりませんでした」。ほかの研究者たちも疑問を投げかけ始め、元の研究結果が発表された医学雑誌『ランセット』のショートレターで、その論文の手法や結論に対する意見を述べた[3]。バッガリーはこの問題を追究し続け、最終的に、自分が解析していた元の論文のデータが、すでに多少ともきれいに整えられていることに気づいた。生データにまでさかのぼってみると、驚いたことに、卵巣がんの女性と健康な女性のあいだに大きな違いが確かに認められた。

だが問題があった。バッガリーが認めた差は、通常なら信頼できないという理由で科学者が採用しないデータのなかに見られたのだ。バッガリーは次のような結論をくだした。差は機器によって生じた「ノイズ」を反映したものであって、卵巣がんにおける実際のタンパク質の質量分析パターンを検出するものではない。そしてそれにより、卵巣がん患者の女性集団と健康な女性集団の差とおぼしきものが説明できる。卵巣がんの女性から採取されたサンプルと比較群の女性から採取されたサンプルは、別々の日に質量分析装置にかけられていた。どうやら、質量分析装置の操作の仕方が日によって微妙に違ったようだ。「卵巣がん」検査が本当に検出していたのは、装置から発せられた偽のシグナルにすぎなかった。これは「バッチ効果」の典型的な例だ。バッチ効果とは、生物学的な差異に見えるものが、実際にはデータの収集や解析を実施する回ごとに生じる誤差にすぎないものを指す。

バッガリーの話では、元の論文を掲載した『ランセット』誌は、バッガリーの解析結果を発表したがらなかったという。「私たちはこれに抗議の声をあげ、しまいにはちょっと騒ぎ立てました」とのことだが、無駄だった。そうこうするうち、二〇〇四年、バッガリーはがん専門医らが集まる大会で、コレロジック・システムズという企業の医薬情報担当者を見かけた。その企業は、この疑わしい技術に基づいた卵巣がんの検査である「オヴァチェック（OvaCheck）」という血液検査を売りこんでいた。バッガリーの我慢は限界を超えていた。『ランセット』誌はバッガリーの解析結果を掲載しようとしなかったが、『ニューヨークタイムズ』紙がそれを取り上げた。するとほどなくＦＤＡが介入し、コレロジックに対して、その検査の有効性が証明されるまで販売を中止するように告げた。コレロジックは検討を続けたが、説得力のある主張ができなかった。二〇一〇年、同社は破産を申告した（そして「オヴァチェック」という名前は現在、まったく違う種類の卵巣がん血液検査で用いられている）。

ノイズに幻影を見る

バッチ効果は、生物医学研究が大規模なデータ解析への依存を高めるにつれて間違いが起こる箇所がさらに増えていることを、はっきりと思い起こさせる。レナード・フリードマンの推定によれば、生物医学研究における再現性のない結果のうち、解析誤差のみが原因であるケースがほぼ四分の一にのぼる。[4] 問題の大部分は、生物医学研究者が往々にして統計学の教育を十分に受けていないことにある。なお悪いことに、研究者は自分の研究分野における従来の慣習に深刻な問題があっても、それに従うことが多い。たとえば、生物医学研究では、結果が真である可能性を判断する方法として、疑問の余地のある方法が採用されてきた。その方法では、p値（くわしい話はこのあとすぐ）という有意性の尺度に頼るところがあまりにも大きい。結果を解析する際に助けを得ようと思えば、手近なところで得られる。主要な大学には、実験デザインや結果の解析でありがちな落とし穴をたいてい知っている生物統計学者がいるからだ。しかし、生物統計学者はあまり協力を求められない。

キース・バッガリーは、生物統計学者のあいだで異彩を放っている。疑問に思った研究を積極的に調査し、見出したことを遠慮なく発表するからだ。バッガリーにはスポーツのコーチ、さらにはレフェリーが持つような威厳と自信があふれている。だが、個人的な魅力には限界がある。「私から電子メールを受け取った研究者のなかには、私が彼らのデータを入手して何をするつもりなのかと勘ぐる人もいます」とバッガリーは言った。「論文が公に発表されるという観点から見て、その反応は理解できます」。だが彼は、自分はただ真実をつかもうとしているだけだと主張する。ときに、それはほかの科学者の研究を徹底的に調べるということを意味する。当然、みながそれを歓迎するわけではない。

数年前、バッガリーはほかの大学に所属する研究仲間の数人と非公式の賭けもどきをした。彼らに、バッチ効果のとてつもない例を見つけ出すようにけしかけたのだ。「優勝した」例は、雑誌の論文で発表されることになる。それは、バッチ効果が生物医学研究で広がっているさまを確認する初の企てだった。結局、バッチ効果はありふれていることがわかった。

バッガリーは、この腕比べで一足先にスタートを切った。すでにオヴァチェック検査の問題を暴いていたからだ。しかし、ジョンズ・ホプキンス大学の仲間たちも負けるつもりはなかった。

彼らが挙げた例には、物議を醸す問題の核心を突くような研究論文が含まれていた。それは、アジア人と白人との遺伝的な差異を示すと主張する論文だった。生物学には、それが偏見を支持するために引っ張り出されてきたという長い、嫌な、過ちだらけの歴史がある。そのため、人種と遺伝学に関する現代の研究には疑いの目が向けられる。くだんの論文は、白人の男性とアジア人の女性の共著だったので（たまたま二人は夫婦だった）、疑いの度合いは抑えられた。それでも、人種に遺伝的な差異があることを示す証拠は、当然しっかりしたものでなくてはならない。

二人の研究者――リチャード・スピールマンとヴィヴィアン・チェン――は、ペンシルヴェニア大学の著名な遺伝学者だった（スピールマンは二〇〇九年に死去）。二〇〇七年の研究で、二人は白人とアジア人両方の四一九七種類の遺伝子を調べた。その際、遺伝子そのものが異なるのかどうかを見るのではなく、どちらか一方の人種のみでスイッチが入っている可能性が高い遺伝子があるかどうかを調べた（遺伝子はＤＮＡに書かれているメッセージだが、ほとんどの遺伝子は沈黙している場合が多く、遺伝子が存在するＤＮＡの糸巻きは固く巻かれている。生物学的機能がおもしろくなるのは、細胞が特定の遺伝子を活性化させ、その指示を読んで実行するときだ）。二人は、調べた遺伝子の約四分の一において、白人でスイッチが入っておりアジア人でスイッチが入っていない、またはその逆であることを見出した。彼らが発表した「ありふれた遺伝的変異によって人種間の遺伝子発現における違いが説明できる」と題する論文は、科学誌の『ネイチャー・ジェネティクス』に掲載されると反響を呼んだ。[5]

だが、一部の科学者は疑問を抱いた。ジョシュア・アキーは、生物統計学者のジェフリー・リークやワシントン大学の同僚たちとともに、白人とアフリカ人のあいだで似たような比較をしたことがあった。そのときに見出された差異は、はるかに小さかった。さまざまな遺伝学的研究から、白人はアフリカ人よりアジア人と近縁関係にあることが示されているので、アキーは、スピールマンとチェンが報告したような人種の劇的な影響が見られるとは思っていなかった。そこで、彼はこの件をくわしく調べた。これらの実験は、マイクロアレイを用いて実施された。マイクロアレイとは、簡単に言うと小さな基板の上にＤＮＡを微小な点として注意深く高密度に配置したものである。マイクロアレイ検査では、一度に数千種類もの遺伝子について、どの遺伝子のスイッチが入っていて、どの遺伝子のスイッチが入っていないかを比較できる。

ワシントン大学の研究チームは、ペンシルヴェニア大学の実験で用いられたマイクロアレイ検査の詳細を突き止めた。白人からのデータは、ほとんどが二〇〇三年から二〇〇四年に作られたものだったのに対し、アジア人を調べたマイクロアレイは、二〇〇五年から二〇〇六年に作られていたことがわかった。これは赤信号だ。なぜなら、マイクロアレイは製造バッチによってばらつきがあるからだ。したがって、結果は日によって異なる可能性があり、年が違えば大きく変わりうるのは言うまでもない。続いて彼らは、マイクロアレイ上のすべての遺伝子について（アジア人と白人で違いが見られた遺伝子だけでなく）基本的なことを問いかけた。それらの遺伝子の挙動は、二〇〇三年〜二〇〇四年に見られたものと二〇〇五年〜二〇〇六年に見られたものとで一貫していたか？　答えは明らかなノーだった。じつのところ、年による差異のほうが人種間の見かけ上の差異より圧倒的に大きかった。ワシントン大学の研究者たちは解析結果を短くまとめて『ネイチャー・ジェネティクス』誌に送り、元の研究結果はバッチ効果の一例だと結論づけた。[6]

これらの事例研究は、バッガリーとリークらが二〇一〇年に発表した研究論文の主要な例となり、バッチ効果の危険性を浮き彫りにした。[7]『ネイチャー・レビューズ・ジェネティクス』誌に載ったその論文で、彼らはバッチ効果の問題が「蔓延しており、対処が絶対不可欠だ」と結論をくだした。

「私たちが見たどのマイクロアレイ検査でも、この問題が大きいだけでなく、臨床的に間違った結果につながりうる例が見つかりました」とバッガリーは話した。それは、科学者がこのような知見に依拠するのなら、多くの例で患者の健康が危険にさらされるかもしれないということを意味する。「そして、これらは不可避の問題なのです」。異なるバッチから得られたデータが出発点なら、解析ではそれを修正できない。今日の生物学では、研究者はどうしても雑多なデータからかすかなメッセージを引き出そうとする。そのため、検査そのものが微妙な変化を拾い上げるように調整されなくてはならない。すると、検査はわずかな変動に対してもきわめて敏感になる。たとえば、マイクロアレイチップ間のささいな違いや、質量分析装置が稼働しているときの温度や湿度の影響を受けるのだ。バッガリーは今では、データが集められる日程を日ごろから確認する。そして、試験群と対照群が別々のタイミングで処理されていたら、彼の心にはすぐさま疑念が生じる。それは、偽の結果を一掃するための単純ながら驚くほど効果的な方法だ。

生物学を翻弄するビッグデータ

古参の生物学者たちは、生物学者になる過程でバッチ効果のような問題について考えることはなかった。三〇年前には、数週間に及ぶ大変な作業の末に五〇個の遺伝子データが得られれば、ちょっとした奇跡だった。だが、現在なら一日の午前中だけで五〇〇〇万個のデータが得られる。したがって、バッチ効果のような問題を警戒するには、まったく新しい物の見方が必要とされる。生物学はもはや単なる記述的な科学ではなくなった。数値の重要性がひたすらに増しているのだ。

とはいえ、「科学研究をしたかったが数学がきらいだったので、『そうか！　生物学がある。それなら問題ない！』と考えた」年配の科学者はまだたくさんいる、とカリフォルニア大学サンフランシスコ校のキース・ヤマモト研究担当副学長は言った。「私が分子生物学の教育を受けたとき（一九七〇年代）、友人たちはこう言ったものです。『統計の力を借りなくてはならないのなら、もっとよい実験を考えたほうがいい』」。ヤマモトは今日の再現性問題を調べ、数学や解析の問題のほうが不適切な動物モデルや混入のある細胞株による間違いよりさらに多いと推測している。

そして、生物学が今やますます「ビッグデータ」を中心に展開するようになっているので、科学者たちはこの新たな現実に適応する必要がある。

間違いによって、新しい領域が新しい落とし穴をもたらすことを思い知らされるが、ビッグデータを扱う科学研究が適切になされたら大きな利点がある。生物学でビッグデータがもたらした最大の成果は、ヒトゲノムそのものの配列決定だ。遺伝暗号はA、T、C、Gの四文字で表されるシンプルな要素によって書かれており、ヒトの場合、それは三〇億字に相当する。そのなかに、私たちの遺伝子をコードする約二万三〇〇〇種類の配列が埋めこまれている。当初は、これらの遺伝子をひたすら特定して配列を読めば、基本的にヒトの青写真――あるいは少なくとも人体の構成部品のリスト――が得られるだろうと期待された。ヒトゲノムの解読はまさしく偉業だったし、ヒトゲノムから得られる情報は、今日の科学の仕組みを支える重要な部分だ。近いうちに、一般の患者が自分のゲノムを当たり前のようにスキャンしてもらい、医師がそれを手がかりにして、患者の病気へのかかりやすさを見きわめる日が来るかもしれない。

だが、ヒトゲノムが解読されたときに「目から鱗が落ちる」とはいかなかった。ヒトゲノムはその秘密を少しずつ、しぶしぶとしか差し出してくれていない。科学者たちは情報のかけらを探し求めて、データを絶えず徹底的に調べる。このようなプロジェクトの多くでは、大量のデータを集めてふるいにかけ、比較し、照合し、あるいは途方もないサイズのパズルをつなぎ合わせることが必要だ。少数の遺伝子を対象とする研究は、「遺伝学(ジエネティクス)」と呼ばれる。一方、一度に大量の遺伝子やゲノムのデータと格闘する研究は「ゲノミクス」と呼ばれる。

ただしゲノミクスは、英語で語尾に「-omics(オミクス)」がつく研究領域の一分野にすぎない。プロテオミクスでは、酵素をはじめヒト細胞のほかの要素を構成する何千種類ものタンパク質について研究する（卵巣がんの検査は一例）。トランスクリプトミクスでは、遺伝子のスイッチがオンかオフかを見る（アジア人と白人の比較研究は、このカテゴリーに入る）。リピドミクスでは、体の不可欠な構成要素であるさまざまな脂質、つまり脂肪分子を研究する。メタボロクスという分野もある……要するに、オミクス分野はたくさんあるわけだ。

残念ながら、科学者は初めてオミクスの世界に飛びこんだとき、自分たちがどんなことに足を突っこんでいるのかよくわかっていなかった。遺伝子と特定の病気や何らかの影響との相関を探すために数千種類の遺伝子を同時に調べることができるとなると、勘違いがひどく起こりやすい。多くの相関は単なる偶然で生じるので、本物のように見えてもじつは違うということがすぐに何百も出てきかねない。実際、まれな事象を検出する検査では、相関があるように見える結果はほとんどの場合、間違いだとわかる。相関を探せば探すほど、間違った結果に突き当たることが多くなる。しかも、そのような間違った結果は、間違いであることを告げてはくれない。

これまでに、統合失調症や肥満、うつ病、心臓病、あるいは何らかの病気に結びつく遺伝子が発見されたという主張がセンセーショナルに報道されて評判になったことが何度もあった。こうした報道の陰には、何千とも知れない小規模な研究努力がある。要するに、さまざまな研究室が遺伝子の探索に乗り出して、重要な遺伝子を捕まえたと思いこんだわけだ。しかし、そのほとんどは完全な間違いだった。スタンフォード大学のジョン・ヨアニディスは二〇一一年、ゲノミクス分野で発表された膨大な数の論文を検討した。ヨアニディスらは、報告されていた一般的な病気（肥満、うつ病、骨粗鬆症、冠動脈疾患、高血圧、喘息など）との遺伝的なつながりを調べた。彼はまた、ゲノミクスの初期に発表された山のような論文を分析した。ヨアニディスによれば、「私たちは何万件というオーダーの論文の話をしているわけですが」、精査に「耐えたものはほとんどありません」という。ヨアニディスが調べた研究のなかで、本当に相関がある、つまり陽性と言える結果として時の試練に耐えたものはわずか一・二パーセントしかないとのことだ。[8] そのほかは、研究界で「偽陽性」として知られているものに相当する。

この領域はそれ以来、大きな進展を遂げている。ヨアニディスは、ゲノミクス研究へより厳密な解析アプローチを求める科学者の一人だった。改革成功の秘訣は、大規模な研究を求めること、注意深い測定や厳格な統計的手法の利用を推進することに加えて、さまざまな研究室の科学者に協力を要請することにあった。「つまり、物事を正しく、しかるべきやり方ですることです」とヨアニディスは話した。このような条件が最高にそろった場合には、複数の科学者がさまざまな研究室でまったく同じ疑問を追求する。彼らが同じ結果を手にしたら、統計学上の幽霊を追いかけているのではないという強い自信が得られる。こうした改良されたゲノミクス研究の基準はおおかた根づいた、とヨアニディスは話した。「ゲノミクスは、信頼できない分野からきわめて信頼性の高い分野へと変わりました」。ヨアニディスはこれを、生物医学研究の再現性改善における大きな成功物語の一つに数える。改善はおおむねというところだ。「いまだに、古くさいやり方で進められている研究もたくさんあります」と彼は嘆いた。彼は、こうした基準を満たしていないゲノミクス研究の七〇パーセントが中国でおこなわれていることを見出した。[9] それらの研究は英語の専門誌で発表されているが、ヨアニディスはこう言った。「ただし、ほとんどすべてが間違っています」

統計学者が否定する統計

科学者がある重要な概念を明確に理解していたら、ビッグデータの解析で起こる問題の多くを回避できただろう。その概念とは統計的有意性だ。じつのところ、生物医学研究の多くの分野で、統計的有意性の理解不足は厄介な問題になっている。驚いたことに、このきわめて重要な概念について、型通りの乏しい理解しか持ち合わせていない研究者が多い。そして、その理解不足によって、ごく単純な実験から数百万ドルを要するゲノムスキャンまで、多くの発表された結果の価値が損なわれる。「統計的有意性」という用語は、いつもぞんざいに使われる。一般に、統計的有意性は研究結果を科学文献に発表するために越えなくてはならない最低限のハードルだ。

従来の理解では、研究結果が正しい確率が九五パーセントあり、間違っている確率がわずか五パーセントしかないなら統計的有意に達するとされるが、それは間違っている。この確率は、「p値」と呼ばれるものと関連づけられることが多い。ある実験のp値が〇・〇五以下（つまり割合で一〇〇分の五以下、あるいは五パーセント以下）ならば、科学者は成功を宣言し、多くの雑誌はその研究結果をいそいそと掲載する。ただし、この定義が広く用いられているにせよ、それが意味するものは、多くの科学者が考えていることとは違う。p値が〇・〇五未満というのはそもそも、「研究結果が正しい可能性が少なくとも九五パーセントある」ということではない。じつのところ、p値が〇・〇五未満なら実験は成功だという認識が、ハードルをずいぶん低くしている。

ここで、歴史的背景に少し触れるとわかりやすいだろう。二〇世紀の偉大な科学者の一人に、生物学者で統計学者でもあったロナルド・フィッシャー（R・A・フィッシャー）がいる。フィッシャーが構築した基本的な概念は、今日でも統計学の中心に位置する。なかでも特筆すべきは、今から一〇〇年ほど前に発明したある単純な数式である。それは「フィッシャーの正確確率検定」と呼ばれるもので、観察結果の信憑（しんぴょう）性を判定するものだ。フィッシャーの正確確率検定は今日、生物医学研究のあらゆる場で広く用いられている。いやむしろ、乱用されていると言える。その検定が誕生した経緯（いきさつ）は次のとおりだ。

フィッシャーの同僚にミュリエル・ブリストルという女性がいた。ブリストルは、ミルクと紅茶のどちらが先にカップに注がれたのかを当てられると主張した。そこで、フィッシャーは彼女に見えないところで八個のカップに紅茶を注いだ。四個には紅茶を先に注ぎ、四個にはミルクを先に注いだ。ブリストルは、それを見分けるという課題を突きつけられた。フィッシャーは、ブリストルは実際には区別ができないだろうと仮定し、それを判定するため、結果を判断する単純な統計学的検定を考案した。フィッシャーの検定が、とても特殊な状況に適用されていることに注意してほしい。フィッシャーの検定では、その主張（ブリストルはカップを区別できる）が間違っているという想定から出発し、その想定と結果を比較する。その検定は、どのカップにミルクが先に注がれたのかをブリストルが当てられると「証明する」魔法の閾値を設定するものではない。そして最も重要なこととして、一回目のテストは、ブリストルが二回目のテストでどんな成績を収めるかを予測するものではない。ちなみに言い伝えでは、ブリストルは八個のカップすべてについて正解したそうだ。[10] 彼女がただランダムに選んだのなら、全問正解する確率は一・四パーセントしかない。つまりp値は〇・〇一四だ。今日の多くの生物学者はその値を、彼女が違いを言い当てられることを示す有力な証拠と見なす。実際のところ、p値は、彼女が知っていたのか、ツイていたのか、不正をしたのかについてのヒントを与えるとはいえ、結論を与えてくれるわけではない。p値は真実を判定する尺度ではなく、彼女が二つのやり方で用意された紅茶の違いを当てられないだろうというフィッシャーの仮説が正しい確率についていう、はるかに限定された主張なのだ。

フィッシャーの考えは、科学者は実験をするとき、研究結果の信憑性を判断する指針としてこの検定を用いるべきであり、p値はその一部であるというものだった。彼は科学者たちに、結果が持ちこたえられるかどうかを見るために実験を何度も繰り返すよう強く促した。それに、フィッシャーは何が統計学的に有意だと見なせるかについての明確な線を設定したわけではない。だがあいにく、ほとんどの現代の研究者は、フィッシャーの賢明な勧告をあっさりと忘れてしまった。まず、科学者たちは次第に、明確な線を引ける近道としてp値を用いるようになった。今やどの実験の結果も、p値が〇・〇五未満なら統計学的に有意だと判断される。

これのどこがいけないのか? 悪いところはたくさんある。全米科学アカデミーは二〇一五年の冬、統計的手法の改善によって再現性のない科学という問題をどれだけ減らせるかを探るワークショップを開催した。[11] あるセッションのテーマは、p値の危険性だった。ノースカロライナ州立大学のデニス・ボースが、単純な思考実験を提示した。たとえば、あなたが科学者で、有意性の指標であるあの魔法の(そして恣意的な)数値にかろうじて届く研究結果、つまり$p=0.05$を得たとしよう。科学文献に載っている多くの研究結果で、p値が実際にこの数値に近い値だということは注目に値する。p値が〇・〇五に近いものが多い理由は、研究がその基準に届くように最初の段階でデザインされていることが多いからだ。資源を温存するとともに時間を節約するため、科学者はp値が〇・〇五未満($p<0.05$)という魔法の基準値をクリアする結果がちょうど得られる規模の研究を計画する。

ボースはセッションの出席者たちに、その実験をもう一度したらどうなるかを考えてみてほしいと持ちかけた。二度目の結果でp値がぴったり〇・〇五にならない限り、それより高いp値が得られる確率が五〇パーセントで、それより低いp値が得られる確率が五〇パーセントだ。言い換えれば、二度目の実験でp値が〇・〇五を超え、統計的有意性を評価する伝統的なフィッシャーの正確確率検定に合格しない可能性はかなり高い。しかし、一度目とまったく同じ実験は、意味がないと見なされるだろう。よく考えると、それはかなり驚きだ。なぜなら、科学者は二度目の実験をするまで、その結果が持ちこたえられない可能性は五パーセントだけだという間違った印象を持っていることがうかがえるからだ。なんということだ。あなたは「過去の実績で将来の収益は予測できない」というウォール街での格言を知っているだろう。要するに、それはｐ値にも当てはまるのだ。

全米科学アカデミーのクルミ材の羽目板が張られた講義室に集まっていた統計学の精鋭たちは、「そうそう」という顔でボースにうなずいた。「たとえ五パーセントの人びと（科学者）でも、ほかならぬこの点を理解していたら、私たちは今日、ここに集まっていないでしょう」。統計学的推論に関する指導的立場の一人であるスタンフォード大学のスティーヴン・グッドマンは述べた。では、二度目の実験でも統計学的に有意な結果が得られる確率をぜひ九五パーセントにしたいなら、どうすればいいか？　テキサスＡ＆Ｍ大学のヴァレン・ジョンソンは、それに必要なもろもろの数値を試算した。そして、ほかのもっと有力な統計的手法を利用できると述べた。だが、ｐ値に執着するのなら、一〇倍厳しい基準をクリアする結果を目指すべきだ。具体的に言えば、ｐ値を従来の〇・〇五ではなく〇・〇〇五にすればよい。そのように基準を厳しくすれば、多くの科学者が、到達していると信じている目標を達成するだろう。つまり、ふたたび実験したときにも九五パーセントの確率で統計的に有意となる研究結果が得られるはずだ。だが、そうしないことで「基準から一〇倍ずれています。これが科学研究の再現性のなさをもたらしているのです」

とグッドマンは述べた。

p値が〇・〇〇五というのは、目下一般的な〇・〇五よりはるかにハードルが高い。そこには、今日の科学文献に載っている「有意な」研究結果の大半が無効になるという含みがある。それは、p値が〇・〇五という基準を満たしたすべての結果が間違っているという意味ではない。ただ、科学者も雑誌の編集者も、それらに対して過度な信頼を寄せているということだ。ジョンソンはこう述べた。「統計的有意性の基準を上げるというこの提案をしたら、科学者から多くの抵抗を受けました。みな、『そんなことをすれば私のキャリアがつぶれますし、もう実験できません。p値が〇・〇〇五なんて絶対に得られないでしょう』と言うのです」。だが、〇・〇〇五を達成するのは思ったほど困難ではない。多くのケースでは、研究の対象とする人間や動物、サンプルの数を六〇パーセント増やせば、その目標に到達できる（研究している現象が本物ならば）。その過程で、多くの疑わしい結果を排除できるだろう。

科学界がこの厳しい手法を生物医学研究に求めているわけではないが、少なくともp値に絡む問題は、ある程度注目されている。二〇一六年、アメリカ統計学会は事態が手に負えなくなっていると判断し、統計学の専門家集団を集め、p値にまつわる落とし穴について声明を出した。[12] その声明では、科学者にとっては明白であるべきなのに、明らかにそうではない事柄について述べている。「p値は、調べている仮説が正しい確率、あるいはデータが偶然のみで得られた確率を測定するものではない」。声明ではさらに、p値に頼るこの統計学的検定を解析に必須なものとして用いることに警告し、もう一つの重要な点を強調する。それは、ある研究結果が「統計的に有意」だからといって、その結果が意義深いことを意味するのではないということだ。統計的に有意な結果が繰り返し見出されたとしても、その有意な差がささいなもので人間の健康に重要な効果をもたらさないという例は多い。

ゴールを動かす

二〇一〇年、ペンシルヴェニア大学の経済学者ユーリ・サイモンソーンは、まったく異なる心理ルートで陥るp値の落とし穴について、同じように考えさせられる結論に達した。サイモンソーンは、消費者の行動をテーマとする学会に数人の同僚と参加した。「とても信じられないような研究結果を、たくさん目にしました」とサイモンソーンは話した。「人は、信じがたい結果に出くわしたときに科学ではなく直観を信じるということを知りました。それは根本的に間違っていると思いました。本来なら、根拠に基づいて信念を変えなくてはなりません。ですが、根拠を追い出していたのです」

その気がかりな事実を知ったサイモンソーンらは、実際には正しくないものを「正しい」と示すことがどれほど難しいのかについて考えた。彼らは、その答えに唖然とした。「正しくないものの正しさを示す証拠を見つけるのは、ずいぶん易しかったのです」。たとえば科学者は、意識的な努力をまったく、あるいはほとんどせずに、データを見て、仮説の裏づけとなる部分を取り出し、そうでない部分を無視できる。また、データが出てくるのを見ていて、統計的有意性が得られたところで実験をやめることができる。たとえ、データがもっと多ければ、結論が容易に覆される恐れがある場合でも。

サイモンソーンらが二〇一一年に発表した論文は、広く読まれている。彼らはその論文で、この手の操作について記述した。[13] 彼らはそれを「pハッキング」と呼んだ。pハッキングとは、データをこねくりまわして、何らかの相関関係のp値が〇・〇五以下になるようにすることだ。p値が〇・〇五以下だと、生物医学研究の慣例では「有意な」結果となる。その論文を発表してからの数年でサイモンソーンは、pハッキングが科学のあらゆる分野で信じられないほど多いことに気づくようになった。「誰でも、ある程度pハッキングをしています」と彼は話した。「一度解析して、うまくいかなければすべてを投げ捨てる研究者なんていません。誰だって、もっといろいろなことを試します」

厄介ごとはpハッキングでは物足りないとでもいうように、サイモンソーンは研究で蔓延しているもう一つの問題を指摘する。それは、科学者がまず実験をおこない、そのデータに合うような仮説を事後に立てることだ。それをよく表す比喩が「テキサスの射撃手の誤謬(ごびゅう)」だ。テキサス州のある家畜小屋のそばを歩いていた男が、小屋の壁に描かれていた一連のウシの絵のすべてで目が正確に撃ち抜かれているのを見て驚く。少年が現れて、自分が撃ったと言う。「どうやったんだい?」と男が尋ねる。「簡単だよ。まず家畜小屋を撃ってから、ウシの絵を描いたのさ」と少年は答える。科学では、これと似たことがよくおこなわれており、それは「hypothesizing after the results are known（結果がわかってから仮説を立てる）」の頭文字を取ってHARKing（ハーキング）と呼ばれる。(14)

ハーキングは、科学者が探索研究と確認研究を混同したときに、そうとは知らずに始まることがある。探索と確認の混同は微妙な点に思えるかもしれないが、そうではない。本当の効果とランダムなノイズの区別に用いられる統計的検定は、科学者がまず仮説を立て、その仮説を検証するために実験を計画し、そのうえで実験の結果を測定している、という想定に基づいている。p値などの統計学的ツールは、そのような確認試験を明確に意図して作られている。しかし、科学者がデータを探って興味深い意外なことを見つけると、その実験はひそかにさりげなく性質をがらりと変える。突如として、それは探索研究になるのだ。それらの結果を、予期せぬ興味深い結果だと報告するのは結構だが、研究結果に合うように仮説を作り直し、それを証拠で裏づけられた新たな仮説とするのは明らかに間違っている。手の込んだ統計は不適切なだけでなく、間違った方向へ導く恐れがある。

もちろん、探索は科学の本質だ。実験台に向かう科学者は、研究で探索と確認のあいだを簡単に行きつ戻りつする。どちらも科学研究に欠かせない。探索と確認の混同は、科学者が探索と確認にまたがるこの流動的な世界での位置づけを見失ったときに起こる。この線引きがぼやける危険性は、数十年前から認識されてきた。この話題を取り上げた古典的な論文は、一九五〇年代、六〇年代、七〇年代にさかのぼる。だが、プレスリリースやニュース報道、そして科学者自身が、この重要な区別を曖昧にすることがある。おそらくそれによって、コーヒーやアスピリン、ビタミンなどに関する「発見」が数多くなされては、その後の研究が現れると結局覆される理由が説明できる。

科学者は立派な意図を持っているかもしれない。たとえば、もしかしたら、ある薬を試験している研究者が、被験者のごく一部で効き目があることに気づくかもしれない。それにはきっと興奮させられるだろう。その研究者は、解析法を見直し、新しい一連の想定のもとで、その思いがけない結果が有意かどうかを（統計学的にも実質的な意味でも）ぜひ知りたくなるかもしれない。結果を見たあとに仮説を変えるときは、「変えることに対する、それなりの言い訳があるものです」とサイモンソーンは言った。「それどころか、一〇通りもの違った変更方法を正当化できるくらい見事な言い訳も見つけられるでしょう」。ここでの根本的な問題は、解析のやり直しに手を染める科学者が、えてして解析ツールのむやみな乱用に気づいてもいないことだ。

一方で、データをできるだけよく見せたいとする強い商業的な動機がある。市場に出す薬を開発しようとしている研究者たちは、新薬の承認を検討するＦＤＡの審査官にとって最も説得力がありそうな統計的手法を探すだろう。この繰り返される問題は、医薬品の回収の背後にある大きな要因だ。悲惨な例の一つに、関節炎治療薬のバイオックスがある〔日本では未承認〕。バイオックスは一九九九年に承認されてベストセラーになったが、市販後のより注意深い解析によって心臓発作のリスクを増大させる可能性が浮上し、最終的に市場から回収された。製薬企業のメルクは、バイオックスを服用した患者では心臓発作が起こる可能性が比較的高いことを知っていたが、その解析結果は重要でないとして切り捨てた。同社は、対照群よりバイオックス投与群で心臓病のある患者が多かったので、バイオックスは心臓発作の原因ではないと主張した。だが、メルクは議論に負けた。じつのところ、市販後の新たな解析や薬の使用経験によって許容できないリスクが特定され、市場から回収された薬は何十品目もある。

生物統計学者は、こうした解析結果の疑わしい点を見抜くことができる。もっとも、それは彼らが解析結果を見ることができればの話だ。しかし、発表されている統計的手法がはっきりしないこともあれば、わざと秘密にされることもある。あるエイズ患者支援団体は、ＨＩＶ感染予防薬としてツルバダという薬を承認した背景データや解析結果の公表を求めてＦＤＡを訴えた。ツルバダの開発企業ギリアド・サイエンシズは、解析手法を公開すればＦＤＡの新薬承認プロセスを経るライバル企業にとって有利になりうるという理由で、異議を唱えた。ＦＤＡは企業側についた。生物統計学者たちは、その話に信じられないという反応を示した。というのは、よい解析手法は企業秘密ではなく、秘密にされるべきものではないからだ。この件では、裁判官が公表に同意した[15]。

ここで、しっかりした解析には開示および開放性も必要だという教訓が得られる。考えてみれば、その情報があるからこそ、結論の拠り所となるすべての重要な詳細をほかの科学者たちが理解できる。それは科学が誇る自己修正プロセスの決定的な要素だ。しかし、生物医学研究ではしばしば、透明なことより不透明なことのほうが多く、それが再現性問題の一因になっている。この際、悪いインセンティブと悪い慣習の両方が非難されるべきだ。

第7章 自分の研究をさらせ

探索か、確認か

ブライアン・ノセックは、HARKing（ハーキング）（結果がわかってから仮説を立て直す行為）について知りつくしている。ヴァージニア大学の心理学教授であるノセックは、無念ながら、自分自身がその悪い慣習に手を染めたことに気づいた。「私の研究室の大学院生たちと話したら、彼らが説明してくれるでしょう。私たちは新学期に腰を据え、実験デザインについて話し合います。院生たちは研究に取りかかります。彼らが研究を終え、私たちがデータを見ているときにまず思い浮かべる質問は『なぜこの研究をしたのか？』です」。どんな仮説を試そうとしていたのか思い出せないこともよくある。すると、結果によって仮説が確認できるのか、新しい仮説が探索できるのか判断できない。「私たちは（確認と探索の）両方をつねにおこなっていますが、忙しいせいで、どれがどっちなのかの区別は容易ではありません。注意がおろそかになっています。とにかく、やることがたくさんあるものですから」

自らの研究慣習について考えた末、ノセックは次のようなひらめきを得た。単に透明性を高めれば、生物医学研究に蔓延している再現性問題の削減に大きな効果があるのではないか。手始めとして、科学者が自分のアイデアについてもっとしっかり記録すれば、ハーキングの落とし穴を避けられるだろう。特に、実際に腰をおろして実験に取りかかる前に、計画を文書に記録すればいい。このアイデアはまったく基本的なことだが、ノセックの専門である心理学や生物医学の研究では浸透していない。そこで、ノセックは何とかしようと決意した。彼はオープンサイエンスセンター(Center for Open Science)という非営利組織を設立した。その組織は、場違いながらヴァージニア州シャーロッツヴィル市にあるオムニホテル内のビジネスセンターに入っている。ノセックのスタッフは大半がソフトウェア開発者で、輝く白いディスプレイにつながったマックブックに向かっている。全員が一つの大きな広々とした部屋で働いており、歩いていけるところに置かれた戸棚には無料の食べ物が並んでいる。そのセンターの主要なプロジェクトは、「オープンサイエンスフレームワーク(Open Science Framework)」と呼ばれるデータベースだ。

ノセックは二〇一二年、組織と透明性に関するこの新しいシステムを、心理学分野の研究を再現する試みによって検証した。ノセックがこのアイデアをメーリングリストに投稿すると、世界中の二〇〇人以上の科学者から、その活動に参加したいという声があがった。それからの数年間に、この緩やかな協力関係を結んだ心理学者たちは一〇〇本の研究論文を選び、追試に取りかかった。その結果は、世界中で話題になった。[1] 二〇一五年八月二八日、『ニューヨークタイムズ』紙の一面に「心理学者たちの恐れが現実に。再検証された研究結果に再現性なし」という見出しが躍った。追試された研究結果の三分の二は、根拠が非常に薄弱で統計的有意に達しなかった。それらの多くでは、少なくとも元の研究と同じ方向の結果が示されたが、追試研究だけでは、効果があった証拠とは見なせなかった。検証された研究の約三分の一については、じつのところ、まったく効果がないか、元の論文で報告されたのとは反対の効果があることが示唆された。これらの研究結果に対する反発も多少なされているが、主要な結論は今も揺らいでいない。そして、ノセックは次のように満足げに指摘した。批判者たちが彼らの言い分を述べられたのは、すぐ入手できるようになっていたノセックの作業データにアクセスできたからだ、と。それ自体が透明性の勝利だった。

ノセックは、自分が認識した問題の多くは、元の研究をした科学者が探索研究と確認研究を明確に区別していなかったために起こったのではないかと見ている。それらの多くはおそらく探索研究だったのに、研究者たちは最終的に、事前に仮説を立てて評価するのに適した統計的検定を用いていた〔あとで確認研究に変えた〕。これを避けるため、オープンサイエンスフレームワークでは、研究が本当に確認研究であることをのちに証明できるように、仮説を事前に登録するよう科学者に促す。これは新しい発想ではない。一九九七年に成立した食品医薬品局近代化法では、新しい薬や機器の候補について臨床試験をおこなう場合、クリニカルトライアルズ（ClinicalTrials）という国立のデータベースに仮説を事前登録するよう義務づける。そのデータベースは、アメリカ国立衛生研究所（ＮＩＨ）によって二〇〇〇年に設けられた。この法律は、重要な影響をもう一つ及ぼしている。一部の製薬企業には、研究中の薬にとって好ましくない研究結果をまったく発表しないという慣習があった。これは「お蔵入り効果」として知られている。というのは、研究が科学文献にお目見えするのではなく、しまいこまれるからだ。そのようなやり口は、今や隠すのが難しい。

この登録システムは、完璧にはほど遠い。法律があるにもかかわらず、多くの科学者がフォローアップやデータの報告をまったくしていないからだ。それに、研究者は相変わらず、実験がかなり進んでから目標を変更することがある。だが、少なくとも彼らの研究を批評する人びとは、こうした目標の変更を明るみに出すことができる。イギリスの医師で変革を強く主張するベン・ゴールドエイカーは、結果を報告すると予告しておきながら報告しない研究や、実際には確認研究ではなく探索研究の想定していない結果を提示する研究の例を数多く暴露してきた。ゴールドエイカーは各専門誌に、このような証拠を見つけたら説明を発表するよう迫っているが、たいした成果はない[2]。

ＮＩＨのロバート・カプランとヴェロニカ・アーヴィンは、評価項目の事前公表が法律で定められたことによって本当に効果があったのかを調べてみた。二人は、一九七〇年から二〇一二年にアメリカ国立心臓・肺・血液研究所の支援を受けた薬や栄養補助食品（サプリメント）の主要な研究を検討し、驚くべき答えにたどり着いた。法律が発効する以前には、三〇件の主要な研究のうち五七パーセントで、試験された薬やサプリが有効と示されていた。だが、科学者たちが研究で調査する項目を前もって発表しなくてはならなくなると、研究の成功率は急落した。二〇〇〇年以降に発表された研究のうち、事前登録した仮説が確認されたのは八パーセント（二五件のうち二件）しかなかったのだ。[3]

この結果から、法律施行前には研究の途中で目標が変更されていたということが証明されるわけではないが、この調査はきわめて示唆に富む。カプランとアーヴィンは、二〇〇〇年以降に発表された先ほどの二五本の論文の多くで、研究開始時に調査項目として明確に設定していない効果がなおも報告されていたことに留意している。だが二人は、これらが探索的な性質を持つ予期せぬ結果であって、仮説を支持するデータではないと律儀に指摘した。調査項目を事前に公表する必要がなかったら、「二〇〇〇年以降の研究の成功数が、二〇〇〇年以前の時期と同じくらいあった可能性はある」と彼らは述べた。

明らかに、生物医学研究には透明性があったほうがよい。ノセックは、研究アイデアの事前登録という基本的な出発点をはるかに超えて、透明性のアイデアを拡張することを思い描く。オープンサイエンスフレームワークでは、結果の解析に用いるアルゴリズムや方法から生データまで、研究のあらゆる面を入力するデータベースを提供することによって、科学者が実験全体をまとめることができる。博士研究員が集めたデータは、その人が別の研究室に移って長い期間が経ってからでもすぐに見つけられる。それに、研究協力者たちは彼らのプロジェクトで使われる資源を容易に（そして選択的に）共有できる。最終的には、プロジェクトに関連する文書やデータは、発表可能な論文にたやすく変換できるべきだというのが、ノセックが垣間見る将来像だ。

課題は、このシステムを使うよう科学者たちを説得することだ。システムの利用は、手続きが複雑で厄介そうに見える。ノセックの研究チームの所属メンバーたちでさえ、慣れるのにしばらくかかったと話してくれた。科学者たちには、そのシステムによって自分が実際に抱えている問題が本当に解決され、単に仕事が増えるのではないと納得してもらう必要がある。ノセックは、そのプロセスの開始時に時間を費やしても、実験全体を通じてみれば実際に研究が効率化される——それに、実験を始める前に方法上の問題を把握できる可能性もある——と、科学者を説得したいと思っている。彼は、事前登録した実験を発表する科学者に、必要とあらば報酬を支払うのをためらわない——インセンティブとして一〇〇〇ドルを一〇〇〇人の科学者に提供できるよう、一〇〇万ドルの助成金を獲得している。

すべてを共有する

オープンサイエンスフレームワークにせよほかの手段にせよ、そのような仕組みを通じてデータや方法を共有すれば、科学研究はより透明になり、理屈からして再現性も上がるだろう。事実、いくつかの主要な雑誌は、データの共有を論文発表の要件としている。研究者は、試薬をほかの研究室から求められたら提供しなくてはならないこともある。連邦規則にも開示性の要件がある。しかし、それが強要されることはまれだ。実際には、公共の利益として研究の資金が税金からまかなわれていても、科学者はこれらの規則にきちんと従っていない。

「私がこの分野で仕事をしてきた限りでは、試薬を提供するかどうかは研究室によりけりでしたね」とカリフォルニア大学デイヴィス校のマーク・ワイニーは話した。彼の生物学者としての経歴は約三〇年に及ぶ。「あそこは何も提供する気がないと、みながとにかく知っている研究室もあります。たとえそこが、提供の方針を打ち出している雑誌に論文を発表したとしてもです。雑誌側には、提供を強制するすべがありません」。ワイニーは、雑誌が実験材料の提供を要件にしていたにもかかわらず、ある科学者からそれを拒否されたことがあると述べた。ワイニーは雑誌に抗議し、提供を要請してくれるように求めた。だが、埒(らち)はあかなかった。雑誌は「はじめは無反応、その後は無力でした」と彼は言った。

　研究室の評判は、徐々に確立していく。ほかの研究室に何も送ろうとしないところもあれば、何でも提供してくれるところもある。ワイニーは、別の研究室が自分を「出し抜く」ことを狙っている気配がある場合には、提供に気乗りしないこともあるが、そういうことは研究では避けられないものだと述べた。ワイニー自身は、たいてい提供するのが好きだという。なぜなら、自分ではプロジェクトを終えていることもあり、誰かが自分のアイデアを前進させたがっているのを見るのは喜ばしいことだからだ。

データの共有は、研究者たちが間違いをより早く発見することに役立つので、生物医学研究の進展を促す。ヒトゲノムの配列決定では、連邦政府のプロジェクトに参画している科学者たちが、作業を進めながらすべての配列データを公的データベースに登録した。そして概要配列の発表段階が訪れた二〇〇一年、このプロジェクトを率いたフランシス・コリンズらは『ネイチャー』誌で発表をおこなった。その論文は一万八〇〇〇回以上引用され、大当たりとなった。[4] もちろん、『ネイチャー』誌には、ヒトゲノムを表す三〇億文字を発表するつもりはなかった。代わりにその論文は、科学者たちが高揚感とともに初めて全ゲノムを見渡したなかから十数の重要な知見を選び出して掲載した。数々の大きな驚きのなかには、細菌から直接ヒトゲノムへと飛びこんだように見える二二三個の遺伝子が特定されたという知見もあった。これらの遺伝子は、ヒトが、進化的により近い親類たちと共有する多くの遺伝子とは異なっていたので、研究者たちは、それらの細菌遺伝子は驚くべき新参者だと結論づけた。

「そんなことは信じられませんでした」とスティーヴン・サルズバーグは述べた。彼は、ゲノム科学研究所（コリンズのグループの最大のライバルだったJ・クレイグ・ヴェンターによって設立された）でゲノム解析の豊富な経験を積んだ。「細菌がＤＮＡをヒトに導入できるなんて、本当とは思えません」とサルズバーグは言った。微生物が世代を超えて受け継がれるように自らの遺伝物質を人間に組み入れるためには、卵子か精子に感染しなくてはならないだろう。「そんなことをする細菌はいません。レトロウイルスはそうしますが、細菌はしません」。ゲノムデータはすべて簡単に入手できたので、サルズバーグたちはすぐに解析を進められた。彼は、『ネイチャー』誌が発売された当日に、その件に取り組み始めたと述べた。三カ月後、サルズバーグらは『サイエンス』誌に、「細菌の遺伝子」とされた遺伝子が決してそのようなものではないことを報告する論文を発表した。[5]

フランシス・コリンズは、ゲノム解読に関するあの論文をまとめたときの大騒ぎを覚えている。研究チームのリーダーたちがある科学者に、細菌か真菌からヒトのゲノムに入りこんだ可能性のある遺伝子を探すように依頼した。「彼は、そのような現象の証拠を目にしていたと思っていました」とコリンズは話した。「そして私たちは、それを見てじつに興味深いと思いました。思いがけない発見でしたが、怪しい点は見つけられませんでした。ですから、その知見を論文に盛りこんだのです」。細菌からヒトゲノムに遺伝子が入ったとする主張の基礎となったデータは、その主張を精査できる知識を持つ者が誰でも利用できるようになっていたので、主張が間違っていると証明されるまでに長い時間はかからなかった。「ですが、構いません。そうあるべきだと思います」とコリンズは述べた。「誰かが思いきって何かに挑戦します。それを透明なものにして、次に誰かがより厳密な方法で調べることができれば」、事実を明らかにできる。「少なくともこの場合、あまり多くの資源を使わずにすみました。それに、決まりが悪かったことは認めますが、危ない目に遭った人はいなかったと思いますよ！」

コリンズは、「ヒトゲノム計画」を運営していた当時にゲノムデータの開示を主張していた。それは一つには、民間企業がひそかにゲノムを解読して何千種類ものヒトの遺伝子の特許を取るのを防ぎたかったからだ。しかし、データの開示によってゲノム研究全体にもよい効果があった。「配列決定作業に取り組んでいる研究者が、データの解析に適任というわけでありません」と、現在はジョンズ・ホプキンス大学にいるサルズバーグは述べた。「ゲノミクス分野では、みながデータを見られることで科学がもっとよくなると、私は確信しています」

協力をはばむ競争

だが、データの共有は研究キャリアを危険にさらしかねない。「私たちは何度か出し抜かれました」とサルズバーグは述べた。例を一つ挙げれば、彼はテーダマツという針葉樹の全ゲノム配列の解読に取り組んでいた。同じころ、スウェーデンのライバルたちが、やはり針葉樹であるオウシュウトウヒのゲノム配列決定を進めていた。針葉樹の全ゲノム配列を初めて決定したと主張できるのは、論文を一番に発表した者だ。サルズバーグは配列決定の過程でデータを登録していた。そして、ライバルたちが自分の進捗状況を監視していたと話した。なぜそれがわかったかといえば、サルズバーグのゲノム解読が完成に近づいたとき、その研究グループが急いで『ネイチャー』誌に論文を発表したからだ。[6] サルズバーグの話では、スウェーデンの研究は完成度で自分たちの研究にはるかに及ばなかった。「ですが、雑誌はそんなことは気にしません。呼び物となる論文がほしいからです」。サルズバーグが論文発表の準備を整えたとき、『ネイチャー』誌はその論文の掲載を見送り、テーダマツは針葉樹のゲノムで初めて発表されるものではないと指摘した。それでサルズバーグの論文は、知名度の劣る雑誌に載ることになった。「私たちがデータを伏せて隠していたら、彼ら（ライバルたち）はおそらく、あのタイミングで論文を発表しなかったでしょう。こちらの進捗状況がわからなかったでしょうからね。というわけで、データの共有を渋るのにはこんなインセンティブがあるわけです」

生物医学研究で見られるゆがんだインセンティブの例をもう一つ見てみよう。科学の進展にとって最良のことが、必ずしも研究者のキャリアにとって最良とは限らない。「私たちが研究結果を発表するのは、ほかの研究者がそれを足がかりにすることができるからです。ですから、遅らせる必要はないじゃないですか？　それは直観的に明白でしょう。ほかの研究者が私たちの研究結果を早く見られるほど、その分野は速く進みますよね」。だが、サルズバーグは一〇年ほど前、この考えに対する激しい抵抗に遭った。それは、彼とＮＩＨのあるトップ科学者がインフルエンザゲノムの一大コレクション作りに取り組んでいたころだ。当時、インフルエンザウイルスでゲノム配列が決定されていた種類は半ダースほどしかなかったが、この迅速に変異するウイルスの多くの例を一覧にできたらインフルエンザに関する理解がはるかに深まるということが、研究者たちにはわかっていた。サルズバーグは、多くの優れた研究者がゲノム配列決定用のサンプルを提供しようとしないことを知って愕然としたと話す。たとえ、手を煩わせることに対して謝礼が支払われ、論文が発表される際には共著者として名前が載ることを約束されても、協力に消極的な研究者が多かった。「一流の研究者の多くが、『いえ、お断りします。サンプルは提供したくありません』と答えました。彼らは、自分が持っているインフルエンザサンプルのゲノム配列を決定するためにNIHの資金をほしがりながら、自分たちで解読して、それを公表しないでおきたかったのです」。公的データベースに配列を登録するのは嫌だったのだ。サルズバーグは、一部の研究者は相変わらず手の内を明かさない戦略を追求すると述べる。最終的にインフルエンザゲノムのコレクションでは、十分な人数の研究者が主要なインフルエンザウイルスゲノムの配列決定活動に協力することに同意した。今では、数万件のデジタルのサンプルが登録されており、科学者たちが利用できるようになっている。

臨床試験で人間を対象として研究している研究者も、試験のデータを秘密にすることがある。共有はすんなり進む話ではない。なぜなら、科学者はその過程で個人情報を漏らさないように気をつけなくてはならないし、個人情報の漏洩につながりかねない詳細を残らず取り去るのは、思っているより難しいからだ。それが、共有に向けて努力すらしないことについての都合のよい言い訳になる。「研究をしているグループは、その状況に満足しきっています」とサルズバーグは話した。「ですが、それでは国民の健康に本当の意味で役立ちませんし、がんなどの病気の理解にもつながりません」。それに臨床試験の参加者は、試験を実施している医師のファイルに自分のデータが閉じこめられることに賛成していない。「もし患者さんに、あなたのがんのタイプを研究している科学者にあなたのデータを伝えてよいかと尋ねたら、もちろんイエスと言うでしょう。患者さんたちは、そのために試験に参加しているのですから。ですが、彼ら（研究者たち）は、データを共有してよいかと問いかけません！　私は、そんな状況が変わるのを見たいと思っています」

ＡＬＳ患者のトム・マーフィー（第３章を参照）も、そうだっただろう。マーフィーが試していた試験薬は、その臨床研究に参加した患者たち全体で見た場合には効果がなかったが、たまたま彼にはよく効いたように見えた。それで彼は考えさせられた。当然、その試験薬がＡＬＳの治療薬として実用化されることにはならないだろうが、それが多少ともマーフィーの助けになった理由を科学者が突き止められたら、ＡＬＳに関する重要な洞察や薬の開発に向けた新しいアイデアが得られるかもしれない。だが、科学界がそのように動く態勢になっていないことが、マーフィーにはすぐにわかった。彼に関するすべての医学的情報は散り散りになっているのだ。マーフィーの主治医はファイルをいくつか持っているが、血液サンプルは別の理由で別の科学者たちに渡してしまっていた。そして、全米の研究者がＡＬＳ患者のＤＮＡ配列を決定し始めているのに、どの研究者もマーフィーに興味を示さず、試験薬に対するまれな反応についての手がかりを探るために彼のゲノム配列を決定してもらうことは叶わなかった。

「望みが持てることもいろいろと進んでいますが、このすべてを見ても私はこう言いたい。『ああ神よ、なぜ彼らは一致協力しないのでしょう？』」とマーフィーは話した。新薬の候補を動物実験で試すのにかかる期間を考慮すると、臨床試験の段階を縮められたら、彼いわく「新薬開発プロセスを八年短縮できると思います」。今日、ALS患者のあいだには危機感がありありと見て取れる。なぜなら、ほとんどの患者には余命が数年しかなく、それが新薬開発の大きな進展を妨げているからだ。マーフィーは、非常に多くのALS研究者がそもそもデータを共有したがらないことを知って、信じられないほどの苛立ちを覚えた。それは、ジグソーパズルのピースを隠しているようなものだ。マーフィーはかつて、軍事請負企業で働いていた。「私は、防衛関係は競争が激しくて過酷だと思っていました。ですが、この分野は本当に過酷ですし、協力や共有の欠如といったら……」。マーフィーは適当な言葉を探して一息ついた。「いやはや、彼らは暗黒時代にいます」

密室状態のがん研究

透明性は、がんの基礎研究の再現度合いを測る、ある大規模な取り組みの中核をなしている。ブライアン・ノセックは、サンフランシスコに近いパロアルトにあるサイエンスエクスチェンジ（Science Exchange）という企業と組み、広く引用される五〇件の研究結果の再現に取り組んだ。[7] この「再現性検証プロジェクト―がん生物学」という取り組みから、最大限の透明性をもって科学研究をおこなう方法に関する教訓が得られただけでなく、ほかの研究室から出された結果を再現できる確かな実験をデザインすることがいかに大変か――そして物議を醸すか――も明らかになった（それに、科学研究には多くの金がかかることも明らかになった。そのプロジェクトは数百万ドルの予算では足りなくなり、再現を計画していた実験の約三分の一を断念せざるをえなかった）。

ノセックたちはグレン・ベグリーとは違い、再現する実験を単に自分たちで選びはしなかった。彼らはアルゴリズムを用いて、二〇一〇年から二〇一二年に発表された研究で大きな注目を集めたものを特定した。つまり、多くの論文で引用されたか、論文掲載ウェブサイトから多数ダウンロードされたり、そのサイトで頻繁に閲覧されたりした論文を選んだのだ。サイエンスエクスチェンジとオープンサイエンスセンターは、論文に載っているすべての実験を再現する資金はなかったので、各論文から一つないしいくつかの重要な実験を選び出した。ここで、このプロジェクトにおける透明性の部分が作用した。再現を試みる実験が選ばれると、ノセックのグループは、実験案を提示した「登録済報告書」を発表した。それから、無関係の研究室にそれらの実験の実施を依頼した。この事前登録のおかげで、外部の科学者があらかじめ実験デザインの妥当性を判断することができた。また、グレン・ベグリーの研究に寄せられていた最大の批判、すなわち再現が試みられた実験が秘密に包まれていたことへの批判に対する答えも出された。「このプロジェクトを透明にすることで、この分野の人びとが『おい、問題があったぞ』と言うだけでなく、それを実際にもう少しくわしく検討できると思います」と、オープンサイエンスセンターでの追試の多くを調整したティム・アーリントンは話した。追試の結果から本当の数値が公表される可能性もある。

一方、グレン・ベグリーはそのがん再現性プロジェクトを軽蔑し、追試されている研究のいくつかはそもそもデザインがお粗末なので、同じ結果が出ただけでは意味がないと不満を述べた。ベグリーは不快感を抱き、サイエンスエクスチェンジの諮問委員を辞任した。じつのところ、再現性プロジェクトに関与した科学者たちも同じ問題を心配していた。その点は、登録済報告書と、その後おこなわれた実験の結果をすべて発表することに同意した科学誌の査読者たちも同じだった。科学誌『eライフ』の編集者で、カリフォルニア大学バークレー校とハワード・ヒューズ医学研究所に所属するノーベル賞受賞者のランディ・シェックマンの話では、必要に応じて動物の数を増やすか対照群を追加すれば、提案された実験が科学的に妥当なものになることを査読者たちが確認したという。

アーリントンは、実験のデザインが課題となる場合もあると述べた。なぜなら、研究者たちが、もはや追試とは言えないほど元の実験を変えることを望まなかったからだ。ときには、『eライフ』誌の編集者たちが、元の実験とは異なる評価項目の設定を提案することもあった。そのほうが、科学的な妥当性が増すと考えられたからだ。しかしアーリントンは、それだと実験の追試ではなく新たな実験になってしまうということを説明した。

自分の研究が追試されていた科学者たちは、明らかに複雑な反応を示した。「いくつか（の例）では、ほとんど最小限の情報しか得られませんでした……そうかと思えば、信じられないいくらい関わってくれる研究者もいました」とアーリントンは話した。元の研究論文の著者のなかには、何時間もかけて自分の研究を説明してくれる者もいた（注目すべきことに、元の論文に載っていた実験で、他者が追試できる十分な情報が書かれていたものは一つもなかった）。元の研究を実施した科学者たちは、『eライフ』誌が発表する前に登録済報告書を検討した。一部の科学者は、長い時間をかけて新たなバッチの細胞や抗体を用意し、「研究室のノートを丹念に調べて私たちに生データを提供してくれました」。一方、協力をいっさい拒んだ科学者もいた。

「このプロジェクトの愚かさと稚拙さには開いた口がふさがりません」とマサチューセッツ工科大学のロバート・ワインバーグは話した。「今の言葉は、慎重に選んだうえで言ったのですよ」。ワインバーグは一流のがん研究者で、研究業績とともに強固な意見でも知られている。彼は、追試に選ばれた五〇本の論文の一本で著者代表者（シニアオーサー）だった。[8] そして、この再現性プロジェクト全体をはなはだしい時間の無駄と見なした。彼の話では、第一に、自分の研究室で用いた手法を新たな研究者が学ぶためには何カ月もかかることがあるという。それでワインバーグは、自分の研究を再現しようとする単発の取り組みなど失敗するはずだと主張した。ワインバーグは、再現性プロジェクトの関係者から実験についてよりくわしく尋ねられたとき、それより自分の研究室で一カ月かけて誰かにテクニックをじかに教えてあげようかと提案した。ところが、「彼らは乗り気ではありませんでした」。ワインバーグはまた、自分の特定の実験がそのまま再現されはしなかったが、その根本的な結果はほかのいくつかの研究室によって観察されたとも主張した。ほかの研究室が実験をすることは、生物医学の研究ではつねに重要なステップだ。なぜなら、それによって、ある結果が単に一つの系統のマウスにおける一つのがんのみに当てはまるのではないということが示されるからだ。とはいえ、それは必ずしもある知見が確たるものであることを裏づける証拠となるわけではない。その点は、分化転換の話題（第1章参照）からはっきりと示されたとおりだ。

ワインバーグは、再現性プロジェクトで実験を追試する研究施設にも疑いを抱いていた。それらは、製薬企業から特定の実験を受託する民間の研究所か、大学の「中核施設」──たとえば学術研究機関の科学者のために動物を世話したり実験をしたりするマウスに特化した研究室──などだろう。ただ、ワインバーグはそれらを高く評価していないかもしれないが、これらの研究施設は大学の研究室より高い基準を満たさなくてはならないことも多い。なぜなら、そのような施設から出された結果は、食品医薬品局（ＦＤＡ）に精査される医薬品の申請書に盛りこまれる可能性があるからだ。それでもワインバーグの意見は変わらなかった。「これらの受託研究所には、（私の実験を）再現しようとすることに、どんな動機があるのでしょう?」。ワインバーグはいぶかしんだ。「そのような施設は、お金を払ってもらっているだけです。ですから、再現に失敗するときは、失敗したいのかもしれません。私の主張の正しさを示したり、研究の正しさを確認したりすることに興味がないかもしれませんしね」。ワインバーグは、もし再現性プロジェクトに協力するとすれば、たとえばがん細胞を最後にいつ解凍したかということから、培養器での二酸化炭素濃度を特定することまで、二〇から三〇もの条件を提示しなくてはならなかっただろうと述べた。

じつは、それががん再現性プロジェクトで重視しようとしたことだった。そうした肝心な詳細が共有されることはまずない。アーリントンによれば、ある論文では、その研究で採用された方法に関する記述が事実上まったくなかったという。それに、ささいなことで実験が失敗する可能性があるのなら、その実験結果はどれほど確かなのか？　一つのがん細胞株を接種した特定の系統のマウスでのみうまくいく実験は、もっと幅広い意味がない限り、関心を持ってもらえない。このような実験は要するに、本来ならば生物学的メカニズムに関する何らかの基本的なことを垣間見せてくれ、うまくいけばヒトのがんについても洞察をもたらしてくれるという想定がある。絶妙な実験条件がそろう必要があり、元の研究室でしか繰り返せないような実験は、とても再現可能とは言えない。ただし、「再現できない」は必ずしも「間違い」ということではない。

アーリントンは、ワインバーグが自分の研究室で誰かに実験の訓練をしたがったのはよくわかると話した。「それはよいことだと思います。正当な理由から、それは研究ではよくおこなわれます。ですが、いつもそうでなくてはならないとは限りません」。それにがん再現性プロジェクトでは、追試の進め方が一貫していることが重要だ。そのプロジェクトで誰かをワインバーグの研究室に派遣したら、ほかのどの実験でもそうしなくてはならないだろう。「さらにどれだけの資金が必要になるかを想像してみてください」とアーリントンは言った。「ですから、私たちは少し違った問いを立てることになるでしょう」

結局、資金不足で再現性プロジェクトからいくつかの研究が外され、ワインバーグの実験も対象外となった。だが、『eライフ』誌の編集者シェックマンは、ワインバーグからの異議は見当違いだと話した。「自分たちで自分たちを規制しなければ、政府から規制されるのは確実です。なぜって、研究資金の出どころは政府だからです」と彼は言った。シェックマンは、生物医学研究を監視しようとする議会の考えを嫌がった。「ワインバーグは自分の玉座にいて再現性プロジェクトはごめんだと言えますが」、科学者が再現性プロジェクトを引き受けるのは「政治的に得策だったと思います」。シェックマンは再現性プロジェクトを、一九七五年にカリフォルニア州のアシロマで開かれた会議になぞらえた。その会議で、科学者たちが初期の遺伝子工学を管理する規制を自発的に定めたのだ。

アーリントンとノセックは再現性プロジェクトが引き起こした不安を十分に承知しており、追試の結果は、プロジェクトが取り上げた論文のどれについても、正しさと間違いのどちらにせよ立証するものではないと慎重に述べる。詰まるところ、彼らが再現しようとしているのは、それぞれの論文に載っている多くの実験のほんのいくつかにすぎない。再現に成功しても、論文全体が正しいと証明されるわけではないし、再現に失敗しても、論文全体が間違っていると宣告されるわけでもない。それに、なかには単なる偶然で失敗する実験もありそうだ。アーリントンは、それを次のように説明した。それぞれの実験は一つのデータポイントにすぎないのだから、一つの結果に焦点を当てるのは、一回の観察結果から結論を導き出すようなものだ。そんな科学は、ひどい科学だろう。アーリントンは、再現性プロジェクトの経験全体を考察することから意義が見出せるだろうと述べる。

「私たちは、確かに一部の期待をくじきました。それは、実際にできること以上のことを（私たちのプロジェクトが）成し遂げるだろうという、過度な期待をしてほしくないからです」とアーリントンは話した。要するに、プロジェクトの目標は「コミュニティとしての自分たちに鏡をかざし、『私たちはこんな感じだ。すなわち、これらが私たちの発表慣行で、これらが私たちの研究慣行だ』と述べる」ことにある。発表された報告に詳細がほとんど書かれておらず、実験が再現できないのなら、その報告には何の意味もない。それに、研究が（生データとともに）すでに放棄され、科学者たちが実験材料を共有できないのなら、やはりそれも無意味だ。アーリントンは、さらに再現性プロジェクトからがんの最良の研究方法を指し示すパターンが見出され、がん研究の検証や追試がもっと容易になることを望んでいる。理想は、再現性プロジェクトの知見が生物医学研究の厳密さを向上させるうえでの指針になることだ。

ブライアン・ノセックは、生物医学研究者が自らの仕事に関する考え方を変えるのにこのプロジェクトが役立てばと期待する。「研究者は開放性を気にかけます。それに再現性も気にかけます。それらは、そもそも彼らがその分野に足を踏み入れた理由の一部です。彼らは科学界で『私は論文を発表するため科学の道に進みました』と皮肉を吐いているのではありません。彼らが科学の道に進んだのは、知りたくてたまらないからです。研究者は、物事を理解したいのです」

現時点では、科学の仕組みのせいで、多くの科学者を研究の道へと突き動かした価値観に彼らは従いきれなくなっている。再現性プロジェクトは最初のステップだ。ノセックは壮大な野心を抱いている。科学の文化全体を変えたいのだ。肝心なのは、巧妙だが少数の刺激によって、どれだけのことが達成できるかという点にある。「人びとに、その道を歩いていると考える必要すらなくその道を歩かせること……。そして、より開放的で、より透明性が高く、より再現可能なワークフローに移行しやすくすることです」

しかし、本当の変化が起こるためには、開放性に対する新たな態度も必要だろう。いくつかの生物医学分野では、データの共有が今や常識になっている。たとえば、タンパク質結晶のエックス線解析によってタンパク質の構造を推定する研究者は、ほかの研究室が解析を再現できるように、データや解析方法がアーカイブされる状況に身を置いている。オープンソースソフトウェアの世界で育った若い科学者は、開放性の考え方をより受け入れやすいかもしれない。だが、それはほとんどの生物医学研究の文化には浸透していない。

「私はほかの多くの科学者たちと、開放性に関する議論をしてきました。「私は基本的にこんなことを言っています。『いやあ、データを共有しないことで、あなたは自分自身を少々危険にさらしていますよ』。すると、彼らもこんな具合に返してきます。『でも、共有する必要はありません。なぜそうすべきなんですか？』とね。そこでこう返します。『そもそも、あなたはどうして科学者になったのですか？　この世界をよりよくしたいと思って、科学の道に進んだのではないのですか？』。そうですよ、と彼らは答えるわけですが、それは彼らが大学院生か学生のころの話です。彼らはとうの昔に初心を忘れています。そして、今では熾烈な競争に巻きこまれています」。研究者は、次の研究助成金を獲得し、次の論文を発表し、自分のすることすべてに対して信頼を得る必要がある。彼らが足を踏み入れているのは、キャリアアップという動機が最上の科学的慣行を妨害する世界だ。そのせいで、科学的慣行は本来のルーツから遠く離れてしまっている。

教育からテコ入れ

サルズバーグの研究室からジョンズ・ホプキンス大学のキャンパスを挟んだ向かい側で、アルトゥーロ・カサデヴォールは透明性だけでなく生物医学研究を妨げているほかの根本的な問題にも取り組んでいる。「再現性の問題は、科学者の訓練法から始まります」とカサデヴォールは話した。実際のところ、彼がジョンズ・ホプキンス・ブルームバーグ公衆衛生大学院の分子微生物・免疫学科の学科長を引き受けたのは、科学教育の改革を始められるのはここだと考えるからだ。彼は若い科学者に、統計、研究デザインなど、生物医学研究におけるもろもろの基本についてもっと良識を持って考えてほしいと思っている。「生物学では思想があまりありません」と、彼は淡々と述べた。「問題にぶつかったら、とにかく実験をもっとしてみます。何が起きているのかについて、静かに考えることはそうありません。カサデヴォールは、批判的思考法を博士課程に組み入れたいと述べた。科学者は考えることを教わる必要がある、というのが彼の意見だ。「言うまでもなく、私たちは科学的思考を教えることができます。ですが、今は正式な形では教えていません」

第一段階は、実験の適切なデザイン法を科学者に教えることであるべきだ。しかし、それはたいがいカリキュラムから抜け落ちている。大学院は「ほとんどの場合、一年目に事実を教えます」と、NIHの一部であるアメリカ国立一般医科学研究所のジョン・ローシュ所長は述べた。「ですが、手法を教えるべきです」。数年前、NIHは全米の大学院に、生物医学的手法を教える科目のリストを提出するよう依頼した。その狙いは、これらの科目から最高のものを選んで、そのカリキュラムをより広く利用できるようにするというものだった。ローシュの話では、その調査は失敗に終わったという。諸大学はどうやら、生物医学系の学生に向けた研究方法論で深みのあるカリキュラムを設けていないようだ。

カサデヴォールは、そのような教育水準を変える手段を見つけるつもりでいる。「あなたがこの廊下を歩いていて大学院生を呼び止め、実験は何回するのかと尋ねたら、『三回です』という答えが返ってくるでしょう。あなたは『なぜ三回なの?』と訊くでしょう」。すると大学院生たちは、同じ研究室にいるほかの人たちがそうするから、と答えるだろう。しかし、それはとんでもないとカサデヴォールは言う。意味のある結果（あらかじめ想定できるし、そうすべき結果）を得るために、何回実験する必要があるのかを厳密に突き止める方法がある。それには少し手間がかかるが、そうすることで結果がしっかりしたものになる可能性が高い。「ですが、そのようなやり方を、ほとんどの科学者は教育されません。今日では、ほとんどの科学者が認識論や論理学の基礎に関する教育を受けません……私たちは、基本に取り組むことに立ち戻る必要があります」。ちなみに、カサデヴォールは限られた仕組みについて話しているのではない。むしろ彼は、科学者が科学についてより幅広く考える時間を増やし、専門分野の各論について考える時間を減らす必要があると主張する。専門分野に囚われると知的なマンネリが生み出され、何よりも科学者は、間違っているかもしれないアイデアにしがみつくことになる。

「腹立たしいことの一つは、いわゆる典型的な科学者が、ある分野で生まれてその分野で一生を終えるという事実です」。いったん専門知識を身につけると、「分野を出ていくのはきわめて困難です」。その分野が彼らの社会単位になる。その分野にいる同僚たちが「あなたの研究に投じる資金を決定します。彼らはあなたの友人で、学会に参加すれば、そこに彼らはいます」とカサデヴォールは言った。「でも、私たちは移動を促し、研究分野を変える研究者を冷遇しないようにすべきです。ですが実際には、そのような研究者をひどく懲らしめます」。ある分野を離れて研究テーマを変えると、「お前は真剣でないと言われます」とカサデヴォールは言った。そして、新たな分野でも気まぐれな奴と見なされる。

それは残念なことだ。研究分野の変更は、定説として受け入れられているアイデアを打破するのに役立つ。「新参者はたいてい、まず定説を揺るがします」と彼は述べた。彼らは、自分のアイデアをなかなか論文に掲載してもらえないかもしれない。「ですが、そのような研究者は非常に重要です。なぜなら、彼らは新分野に入ると場を揺り動かすからです。それが前進する唯一の方法なのです」。学術研究機関ではかつて、それが奨励されていた。学術研究機関の科学者は、七年ごとに長期有給休暇(サバティカル)を与えられたからだ。サバティカル休暇は、今でも少なくとも書類上では選択肢としてあるが、多くの生物医学研究者にとって、「そのシステムはもはや機能していません。誰もが研究助成金の申請書を書いていて疲れきっているからです」。昨今の研究室の資金獲得競争を踏まえると、一年にわたって自分の研究室を離れるのは、あまりにもリスクが大きい。

カサデヴォール自身は、科学で幅広いキャリアを積み、免疫学から遺伝子組み換えインフルエンザウイルスまで、さまざまなテーマで論文を発表してきた。また、再現性問題の根底にあるものも含めて、生物学における制度面の問題を検討してきた。さらに、彼は学科を管理する仕事まで引き寄せてきた。多くの科学者は、実験台に向かう時間が少なくなるという理由でその仕事を避けるが、カサデヴォールはそうした科学者の性分に逆らっている。彼の見方では、生物医学研究の文化はひどく壊れている。彼にとってその大問題は、個々の研究者が世界をよりよくしようと取り組んでいるたくさんの小さな問題よりも重要である。「もし生物医学界が今より一パーセントうまく機能する方法を見つけ出せたら、それは私が研究室で貢献できるどんなことよりもはるかに重要なものになるでしょう」。カサデヴォールの考え方は、こうした問題が科学教育を超えて大規模に広がっていると認識する、ほかの科学者たちも動かし始めている。そのような科学者は、さらにもっと根深い問題の解決法について考え始めている。生物医学の文化全体で、抜本的な立て直しが必要なのだ。

第8章　壊れた文化

ノーベル賞受賞者をも誤らせるプレッシャー

かつての生物医学研究は、必ずしも昨今のような熾烈な出世競争ではなかった。チャールズ・ダーウィンが自然選択に基づく進化論を構築した話を考えてみよう。その発見は、生物学をまとめあげる原理となった。ただし、進化論が生まれた経緯は、今日の生物学や医学の進歩の仕方とは似ても似つかない。ダーウィンは、観察結果を蓄積して自分の考えをまとめるのに数十年を費やした。ガラパゴス諸島では、ちょっと変わった小型のフィンチ類を調べた。昆虫採集に打ちこんだこともある。そしてフジツボに九年間、興味を引きつけられた。また、数十年をかけてハトの育種をしたり、種子を海水に浸して、それが長いあいだ海を運ばれても海の向こうで芽を出せるかどうかを調べたりした。ダーウィンは、理路整然とした仮説を立てて出発したのではなかった。

ただ好奇心にかられたのだ。はっきり言って、今日の科学研究機関ではダーウィンのアプローチは認められないだろう、とアルトゥーロ・カサデヴォールは話した。「ダーウィンは一つのことにこだわりませんでした。決まった手順もありませんでした。それでも、今日の生物学をまとめる、まさに唯一の一貫した理論を作ることができたのです」

ダーウィンが歩んだ一九世紀のキャリアは、別の重要な点でも今日とは異なっている。ダーウィンは裕福な紳士階級の科学者だったので、金のためにあくせくしなくてもよかった。それに、見出したことの発表も焦らなかった。ダーウィンがしぶしぶながら発表を急いだのは、アルフレッド・ラッセル・ウォレスという若いライバルが似たような理論を構築しつつあることに気づいてからだ。ダーウィンの友人たちは、アイデアを論文にして自分のものだと主張すべきだと催促したが、ダーウィンは抗った。「一番手であることを示すために論文を書くという考えは、どちらかといえば嫌です」と、ダーウィンは仲間のチャールズ・ライエルに宛てた手紙で述べた。「ですが、誰かが私の学説を私より先に発表することになったら、悔しい思いをするのも確かです」[1]。とはいえ、紳士階級の科学者、帆船での旅、手書きの文通に象徴される当時にあって、研究に懸けられていたのは、もっぱら個人の誇りだった。

そんな時代から、科学がどれほど変わったことか。ダーウィンが活躍していたころの悠然とした研究の時代とは対照的に、現在では、競争の重圧が一流の科学者をも危険な領域に誘いこみかねない。テロメラーゼを発見してノーベル賞をもう一人の生物学者と分け合ったキャロル・グライダーは、自らの初期のキャリアにまつわる教訓を語る。グライダーの発見によって、この重要な酵素の解明を進めるレースが引き起こされた。テロメラーゼは遺伝物質（ＲＮＡ）とタンパク質成分の複合体だとわかった。グライダーはニューヨーク州ロングアイランドにあるコールド・スプリング・ハーバー研究所の博士研究員（ポスドク）とともに、そのタンパク質を特定する研究を急ピッチで進めていた。一方、コロラド大学の別の研究チームもそれを必死に追いかけていた。

　グライダーと彼女の研究室のポスドクは、タンパク質成分の条件を満たすように見える二つの分子を単離した。競争相手が間近に迫っていることを察し、グライダーはその研究結果を大急ぎで論文として発表した。[2] しばらくあとに開かれた学会で、彼女は最大のライバルであるヨアヒム・リンナーにばったり出会った。リンナーはグライダーに祝いの言葉を述べたが、自分でもテロメラーゼタンパク質の探索をあきらめていないとつけ加えた。グライダーは、リンナーの言葉を歓迎したと話した。何と言っても、科学は誰かの発見をほかの研究者が検証すべきだという考えに基づいている。いや、基づいていないだろうか。ともかく、その後まもなく、リンナーと彼の指導教官であるトム・チェックが、まったく異なるタンパク質を単離したことを、説得力をもって示す論文を発表した。[3] 実際には、そのタンパク質がテロメラーゼの本当の成分だった。リンナーらは、それを「ＴＥＲＴ」と名づけた。「彼が正しいのは明白でした」とグライダーは言った。グライダーは別の論文を書き、自分たちが見出したタンパク質は実際にはテロメラーゼの構成要素ではないと宣言した。[4]

「あれは、論文の発表を急ぐように圧力をかけられていた状況でした」とグライダーは話した。「そのため、実験の一部では本来期待されるほどによい結果が出たわけではなかったのですが、私は状況に流されてしまいました」。科学研究は、独立独歩で進められるものではない。この件では、グライダーの研究室のポスドクは、職を見つけるため自分の名前で論文を発表する必要があった。グライダーは圧力を感じた。一方では、彼女たちの研究結果は興味深いものだったので、論文で発表する価値があったのは確かだ。一方では、その論文自体が、データのなかにいくつかの重大な欠陥がある可能性を指摘していた。だが一方では、グライダーはそれらの拭いがたい疑問を解決するための研究をしただろう。十分な時間があったら、グライダーはそれらの的なことがポスドクのキャリアを妨げていると、上司たちから文句を言われていたそうだ。今日、グライダーはその件を若造だった自分の経験不足に原因があったと考えている。あいにく、そのようなキャリア形成に絡む圧力は続いているうえ、今ではいっそうひどくなっている。

「今、研究意欲を刺激するための生物医学界の仕組みについて考えてみると、現在の仕組みでは一着になることで報われます」と、パブリック・ライブラリー・オブ・サイエンス（PLOS）が発行するオープンアクセス雑誌の編集長ヴェロニク・キルマーは話した。「必ずしも正しいことが報われるわけではありません。実際のところ、ずさんな研究で手抜きをしても、一番乗りが報われます。それはおかしいです。完全に間違っています」。こうした邪道なインセンティブが生物医学界をゆがめている。研究資金が途切れないように、研究者は往々にして、深い洞察を与えてくれそうな挑戦的なプロジェクトより早く成功しそうなプロジェクトを選ぶ。いっそう困ったことに、研究に邁進する科学者の数と、科学者たちに回せる研究資金のあいだに大きなミスマッチがある。科学者の適切な人数を知るための客観的な方法はないが、資金に余裕はなく、現時点では生物医学研究の枠内にいる科学者が多すぎる。そのせいで、厳密性に欠ける研究をして疑わしい結果を発表することで、実際に見返りが与えられている。このような圧力は、科学者がキャリアを踏み出すまさにその日から強まる一方である。すばらしいアイデアや高い理想を持つ熱心な学生たちは、気がつくと強い世間の風潮に逆行している。

行き場のないポスドク

クリスティーナ・マーティネズはヴァージニア州の田舎の小さな町で暮らしていた子どものころ、自分が科学者になりたいと思っていることに気づいていなかった。その町で、彼女の大家族はヒツジやウシを飼育し、カエデの木から樹液を集めてメープルシロップを作っていた。だが、高校を卒業した三五人の一人だった彼女は、世界に飛び出してグリーンズボロにあるノースカロライナ大学に思いきって進学することにした。マーティネズは栄養学を学び始め、肥満の生化学について研究している研究室にだんだん引きこまれた。彼女は研究の虜になった。そして大学院に残り、博士号と登録栄養士の資格を取得したのち、二〇一二年に研究キャリアを元気よく歩み始めた。「自分が何に足を踏み入れているのかわかっていませんでした」と彼女は話した。

若い生物医学の研究者は、博士号を取得すると、先のよく見えない学術研究機関に入って博士号取得後の研究をする。ポスドク研究は名目上、研究者を養成する追加の訓練だが、実際のところポスドクは安価な労働力として、学術研究機関の研究室で日々の研究の大部分をこなす。生物医学の分野に何人のポスドクがいるのかは把握できていないが、最も一般的な推定では、つねに少なくとも四万人いるとされる。ポスドクはしばしば、このような仕事を五年も続ける。勤務時間が長いわりに、たいてい年収は五万ドルに満たない。最高位の学位を持ち、莫大な学生ローンを抱えているであろう者にとっては、つつましやかな給与だ。

こうした苦労も、ポスドク生活の最後に研究職が待っているのなら、犠牲を払う価値があるだろう。しかし、学術研究機関における研究職の雇用市場は厳しいうえ、状況はさらに悪化し続けている。二〇〇八年以降のデータを検討したアメリカ国立衛生研究所（ＮＩＨ）の調査から、終身在職権につながる職にたどり着けるのはポスドクの約二一パーセントしかいないことが示された。さらに、ポスドクの急増に伴い、その割合は減少傾向が鮮明になっている。[5] マーティネズは多くのポスドクと同じく、終身在職権を得られる数少ない幸運な人間の一人になるというかすかな望みにしがみついている。彼女はシカゴ大学でポスドクの地位に就いたとき、狭き門である学術研究機関の研究職を得ているポスドクがどれほどいるのかまったく知らなかった。「それで恐ろしいんです。今、私はその状況にあるわけですが、それについてまったくなすすべがありません。できることは、ベストを尽くしてうまくいくのを期待することだけです。今後に関しては、冷静さを保とうとしています。研究者になると決心してからもうだいぶ経っていますので、ほかの選択肢は考えたくありません」

マーティネズはポスドクの仕事に就いたとき、同時にいくつかの研究プロジェクトに少しずつ取り組み始めた。そのほか、若い学生を助けることにも心を配った。学生たちは、マーティネズの教官の研究室でさまざまなプロジェクトをこなしていた。ポスドクとなって三年が過ぎたころ、彼女は刺激的なアイデアをたくさん温めていたが、まだ完璧な結果が得られておらず、論文として発表できなかった。「ポスドクとしての論文発表がなければ、立ち往生しているようなものです」とマーティネズは言った。教官は、マーティネズ自身が研究資金を獲得できるように連邦政府の研究助成金の申請に力を貸すつもりだったが、シカゴ大学は、マーティネズが自分の研究結果を示す論文を雑誌に発表するまで、それを検討すらしなかった。それに、どの雑誌でもいいというわけでもなかった。マーティネズは、「インパクトファクター」が高い雑誌に論文を発表しなくてはならないと考えた。インパクトファクターは商業上の目的のために発明された尺度で、雑誌が広告枠を売ったり購読者数を増やしたりするのに役立つ格付けだ。しかし最近では、研究の質を示す代用指標として利用されることが少なくない。インパクトファクターの高い雑誌は、引用回数の多い論文を掲載するので、重要性が高いと一般に見なされる。雑誌の頂点に君臨するのが『ネイチャー』誌で、インパクトファクターは四〇を上回る。それに続く『セル』誌と『サイエンス』誌のインパクトファクターは、三〇を超えている。

これらの雑誌は華々しい研究を引きつける。だが、最も入念な研究や最も重要な研究を引きつけるとは限らない。マーティネズは、自分の研究はこれら三大雑誌のどれかに載るほど目を見張るものではないと話す。「ポスドクとして私が自分に期待するのは、（インパクトファクターが）九以上ある雑誌に論文を発表することです。九以上あれば満足です。一四あればすばらしいですね……。それを狙っています」。本当のことを言えば、マーティネズはインパクトファクターがもっと低い雑誌のほうが好きだ。彼女の話では、査読がより丁寧だし、そのような雑誌に載る研究には、有名雑誌に載る研究より詳細で微妙なことまで書かれているという。彼女の専門であるニッチな分野の研究者たちも、そのような雑誌を読むことが多い。それでも、彼女はインパクトファクターを重視する。「なぜなら、インパクトファクターの高い雑誌に論文が載ることが私に期待されていることですし、私のキャリアアップに必要だからです」

雇用委員会は、求職者が筆頭著者になっている論文が一流雑誌に一本も掲載されていなければ、応募書類をろくに見ないことも多い。ジョンズ・ホプキンス大学のキャロル・グライダーは、それは研究者の資質を見る尺度としてお粗末だと話したが、求職者であふれる状況で大学は困難な業務に直面している。「私たちの学科で新しい助教授を採用したところですが、一つの職に四〇〇人もの応募がありました」とグライダーは言った。「それらの応募者を、どうやってふるいにかければいいでしょう？　多くの場合、委員たちは応募書類を走り読みし、注目される論文が何本あるかを見ます」。そうやって履歴書の山を選別してから、ようやく雇用委員会は応募者の実際の研究を調べにかかる。

インパクトファクター至上主義

雑誌での論文掲載は、すっかり生物医学分野の才能を評価する尺度になっている。求職者はそれに依存しているし、昇進や終身在職権、連邦政府の研究助成金を得ようとする科学者もそうだ。「審査委員会に出席したときに、委員の誰かが、某研究者が『セル』誌に論文が二本、『ネイチャー』誌に二本、『サイエンス』誌に一本などと言うのを聞いたことは数知れません」と、ワイル・コーネル医科大学教授のグレゴリー・ペツコは、シカゴで開かれた学会で聴衆のポスドクたちに話した。それらの委員会で、「私は挙手してなるべく控えめな声で尋ねました……『それらの論文に何が書かれていたのか教えてくれませんか？』とね。ほとんどの場合、委員たちは答えられません。論文を読む暇がなかったからです。だから、どの雑誌に論文が掲載されたのかをもって、何を発表したのか、つまり質を表す代用指標としているのです。残念です。それは間違っています」。声を張り上げて、ペツコは続けた。「多くのすばらしい科学的成果が、（あまり派手さのない）雑誌に発表される一方で、くだらない論文が、名前が一単語の雑誌に発表されます」。彼は『サイエンス』誌、『ネイチャー』誌、『セル』誌（彼は『ヘル（地獄）』と呼んだ）の名を忌避し、「インパクトファクター」という語句も口にしようとしなかった。インパクトファクターという概念そのものが気に食わないからだ。

ヴェロニク・キルマーは『ネイチャー』誌やその関連誌の編集長を二〇一〇年から二〇一五年に務めた。そのころ、この問題が噴き出した。彼女も、雇用委員や終身在職権審査委員が、論文がどの雑誌に発表されたのかを真っ先に見るのが不満だと言う。それに、『ネイチャー』誌の編集者たちが、雑誌に載せる研究を選んでいる段階で科学者の運命を実質的に決めていることに戸惑いを覚えている。編集者たちは「特に興味深いと思われる知見を探しています。彼らの理解が正しいこともありますが、彼らが勘違いすることもあります。ですが、そういうものです。論文の採否は主観的な判断なのです」とキルマーは話した。「科学界は雑誌に、雑誌側が望んでもおらず、本当は持つべきでもない権限を委ねています」。インパクトファクターは、ある雑誌の総合的な地位を測定するかもしれない。「だとしても、インパクトファクターが、その雑誌に載った一本の論文の質を表す指標として用いられることが増えているというのは間違っています。とんでもない間違いです」

スウェーデンのカール一六世グスタフ国王がランディ・シェックマンにノーベル生理学・医学賞を贈った二〇一三年一二月一〇日、シェックマンは世間の注目を浴びた好機を捕らえ、インパクトファクター、そして特に『セル』誌、『ネイチャー』誌、『サイエンス』誌の暴虐ぶりを非難する論評記事を発表した[6]（これらの雑誌は科学者の日常生活にあまりにも深く根づいており、シェックマンも、特に称賛された論文の一つが掲載された『セル』誌の表紙を額に入れてカリフォルニア大学バークレー校の自分の研究室に飾っていた。私がそれについて尋ねるとシェックマンは顔をしかめ、取りはずすべきかもしれないと答えた)。インパクトファクターが科学的実績の尺度としてよくないのなら、なぜ大学はそれを無視してしまわないのか、と私は彼に訊いた。「なぜって、それはきわめて手っ取り早い代用指標だからですよ」と彼は答えた。「インパクトファクターは数値です。学部長たちは数字屋です。彼らは単純な数値が好きなのです」

シェックマンの意見では、インパクトファクターの問題は、それによって科学界のキャリア制度がゆがめられることだけではないとのことだ。「インパクトファクターは再現性の問題と関連しています。なぜなら、研究者は論文をこれらの雑誌のどれかに載せてもらうために何が必要なのかを知っていて、それに合わせるために真実をねじ曲げかねないからです。なにしろ、キャリアが懸かっていますからね」。科学者は、最も見栄えのいいデータを選んで、それ以外を軽視したくなるかもしれない。だがそうすると、結果がゆがめられたり、結果の根拠が崩れたりする恐れがある。「科学者たちの誠実さに疑いを差し挟みたくはありませんが、いいとこ取りをするのは、とにかくあまりにも簡単です」と彼は述べた。それに、状況はアメリカでもひどいが、アジアではもっとひどいとのことで、シェックマンはこう話した。「数値（インパクトファクター）が神聖視されています。中国ではそれがすべてです」。シェックマンは、トップレベルの生物医学研究の提案を評価する韓国の委員会で委員を務めている。韓国の科学者たちは、インパクトファクターの高い雑誌に一定数の論文を発表することを個人的な目標として挙げる。「何を発表しているかはどうでもいいのです」とシェックマンは述べた。どの雑誌に発表するかが最も重要なのだ。中国の科学者は『サイエンス』誌、『ネイチャー』誌、『セル』誌に論文が載ると、現金のボーナスをもらえる。シェックマンの話では、彼らは現金と引き換えに、論文に共著者として名前を入れてあげるそうだ。そのような慣行は、アメリカの科学的公正性からすれば認められまい。シェックマンが『eライフ』誌の創刊に手を貸したのは、一つにはインパクトファクター至上主義と闘うためだった。彼は、インパクトファクターを弾き出す企業のトムソン・ロイター（現在はクラリベイト・アナリティクスがおこなっている）の担当者に、『eライフ』誌にはインパクトファクターはいらないと話したそうだ。それでも計算された。

論文発表システムは、特定の実験を省くといった簡単なことで出し抜けることもある。ワイルコーネル医科大学教授で、ある雑誌の編集者を務めるオラフ・アンダーセンは、この手の省略を目にしてきた。「あなたがある仮説を立て、申し分ないように見えるとします。あなたはそれまで、何も間違ったことはしていません。ですが、あなたはその実験系をほかの誰よりよく知っていて、仮説の正否をはっきりと判定できる実験があることを知っているとします」。アンダーセンはこう話した。「その場合、その実験をしたがらない研究者もいます」

雑誌が科学者に、研究結果を裏づける実験をもう一つ追加できれば論文を受理できそうだと告げて、圧力をさらに強めることもある。その圧力が作り出すインセンティブを考えてみてほしい。科学者は、まさに自分が期待しているものを生み出そうと思うのだ。「それは危険です」とキルマーは言った。「本当に怖いですよ」

二〇一四年、それに似たことが科学的不正行為の有名なケースで起こったようだ。日本の研究者たちが、非常に有用な幹細胞を作製することのできる簡単なテクニックを開発したと主張した[7]。細胞を酸性溶液に浸したり、細いガラス管のなかを通したりといった単純なストレス刺激によって、細胞を再プログラム化して驚くほど万能にすることができたというのだ。伝えられるところでは、その論文は『サイエンス』誌、『ネイチャー』誌、『セル』誌から却下された。だが研究者たちはひるまず、論文を修正して『ネイチャー』誌に再提出したところ、掲載された[8]。『ネイチャー』誌は、著者らが何を変更したことによって二度目の審査をパスできたのかを明かそうとしなかったが、その論文は時の試練に耐えられなかった。世界中の研究室が、その研究を再現しようとして失敗した（そしてとうとう、元の論文を出した研究者たちが、本当はない効果をあると思い違いしていた可能性が示唆された）。理化学研究所はその論文を撤回し、筆頭著者が科学的不正行為を犯したと判断した。この件が社会の注目を浴びて明らかになるなか、その著者が尊敬していた教授は自殺した。

不正と論文撤回

あからさまな不正も科学研究に入りこむ。それは、人間がするほかの試みで不正が見られるのと同じだ。再現性について憂慮する科学者たちは、不正は大きな要因ではないという点におおむね同意するが、生物医学に立ちふさがる問題の一端に不正があるのは間違いない。スタッフの少ないアメリカ研究公正局——一年に科学における不正行為を十数件特定する——のウェブサイトには、同局による公式の調査結果が挙げられている。このページを下方へスクロールすると、ある元大学院生が載っている。その女性はアルバート・アインシュタイン医学校で研究していたときに、でっちあげたデータを三つの雑誌での論文発表と四つの学会でのプレゼンテーションで用いた。調査官たちは、彼女が数十枚の画像に不正に手を加え、グラフや図で用いる数値を捏造したと述べた。[9] ローワン大学整骨療法学校の准教授は、データを故意に捏造した。そのデータが八本の論文で使われて雑誌に載ったほか、ＮＩＨの研究助成金申請にも使われた。調査官たちは、その准教授が「図を複製したり、無関係の情報源から入手したタンパク質の検出画像をトリミングまたは加工して元がわからないようにしたうえで、それらに新しい名前をつけてさまざまな実験の結果として提示した」ことを見出した。[10]

このような不正の話でニュースになるものは、ほとんどない。それに、処分はたいてい軽いものですむ。よくあるのは、不正をした科学者が、厳重な監督のもとで研究することに同意するか、連邦政府の研究助成金を数年間受けられなくなることだ。不正を働く者の多くは外国の科学者で、アメリカの研究界から消える。アメリカ研究公正局は職員不足で多くのケースを調査できないため、当局が摘発したわずかな数の不正は、アメリカにおける科学的不正行為の計測値としては不十分だ。

不正行為やさほど悪質ではない罪を計測する方法として、科学文献からの論文撤回を監視する方法もある。イヴァン・オランスキーとアダム・マーカスは二〇一〇年に趣味で「リトラクション・ウォッチ（Retraction Watch）」というブログを立ち上げ、論文の撤回を監視し始めた。オランスキーは、ひと月に数件を投稿することになるものと踏んでいた。ブログが始まってからまもなく、「アダムは『オレたちの母親がブログを読むだろう。そうしたら、おもしろいだろうね』とか何とか言ったと書かれています」とオランスキーは話した。だが蓋を開けてみると、これはのんびりした活動ではなかった。リトラクション・ウォッチは、論文の撤回が劇的に増加しているさなかに登場した。二〇〇一年には約四〇本の論文が撤回されたが、オランスキーの話では、二〇一〇年には四〇〇本、それ以降は毎年五〇〇本から六〇〇本の論文が撤回されている。この趣味は拡大して本格的なプロジェクトになり、スタッフや活動を支える助成金もついた。

リトラクション・ウォッチは、怪しげな研究結果をめぐって高まりつつある興味――それに懸念――を煽っている。ブログのレポーターたちは新たに撤回された各論文を追いかけ、撤回の経緯を探ろうとする。オランスキーとマーカスはリトラクション・ウォッチの順位表も更新し続けている。そこには、論文を特に多く撤回した科学者が列挙されている。一位は日本人麻酔学者の藤井善隆（ふじいよしたか）で、一八〇本を超える論文を撤回した。それは事実上、彼がこれまでに発表したすべての論文だ。その記録は圧倒的にほかを引き離している。ドイツの麻酔学者ヨアヒム・ボルトは、疑わしい約一〇〇本の論文でこのリストに名を連ねている。

論文を撤回するのは、知名度の低い研究施設に所属する無名の科学者だけではない。マサチューセッツ工科大学のロバート・ワインバーグはこれまでに五本の論文を撤回しており、そのなかには引用回数が五〇〇回を超えるものもある。[11] ワインバーグの研究室は拡大を続け、激しい内部競争が起きている。そのなかにいたある大学院生が、撤回した論文のうち四本の筆頭著者だった。ワインバーグの話では、研究室のほかのメンバーたちからその大学院生の研究について疑問が寄せられたので、調査を求めたという。ワインバーグは「すべてが不正だった」という結論をくだした。そこからは何の成果も引き出せなかった。「あの件についてほかの研究者から尋ねられたら、追跡研究は思いとどまってもらいます。あれは、私が再現性という点で経験した、わりと大きなつまずきでした」

発表された論文が撤回されるときには、特定の実験が信頼できないという淡々とした説明がなされる傾向があるが、そうした穏やかな通知のせいで根本的な原因が曖昧になることもある。ジョンズ・ホプキンス大学のアルトゥーロ・カサデヴォールとワシントン大学のフェリック・ファングは論文撤回を徹底的に調べ、もっと気がかりな事実を見出した。調査した撤回論文の七〇パーセントでは、単純な過失ではなく悪い行為が撤回の原因だったのだ。[12] 彼らはまた、知名度の高い雑誌、すなわち科学者がキャリアアップのために論文を発表したくてたまらない雑誌で撤回がより多く起こっていると結論づけた。「私たちは、生物医学研究の文化に潜むじつに根深い問題に取り組んでいます」とカサデヴォールは話した。「そのような問題が、科学文献の著しい質の低下につながっています」。ただし、論文の撤回は増加しているとはいえ、まだ珍しい。オランスキーの見積もりでは、発表された論文で撤回されるのはわずか〇・〇二パーセントだ。
　アラバマ大学バーミングハム校のデイヴィッド・アリソンらは、雑誌に事実関係を明確にしてもらうことの大変さを思い知らされた。一部の科学者は、明らかに間違っている情報の撤回を公然と拒否するし、雑誌は撤回を強く求めないことがある。アリソンたちはあるとき、論文の間違いを指摘して訂正を求める手紙を雑誌に送った。ところが、ほかの研究者の間違いを指摘するレターを掲載してもらうだけなのに、支払い――最高で二一〇〇ドル――を要求してくる雑誌があり面食らった。[13]
　なぜ、そもそもデイヴィッド・アリソンがほかの研究者の間違いを指摘する責任を負うべきなのかと尋ねるのはもっともなことだ。その問いに対する非常に人間じみた答えがある。科学者もほかの人びとと同じように、自らの間違いを認めたがらない。理由は、プライドがあるからでもあり、間違いがキャリアアップや終身在職権、研究助成金の獲得にとって不利になるからでもある。「間違いを認めてもあまり罰を受けないシステムができれば、生物医学界は変わるでしょう」と、テキサス大学サウスウエスタン医学センターにあるハワード・ヒューズ医学研究所の研究員ショーン・モリソンは述べた。「みんなの前に姿を現して（ある研究結果の）間違いを認めても大変な事態になると思わなくてよい文化が必要です」

科学文献に放置される間違い

生物医学界は、現時点ではモリソンの考える理想には遠く及ばない状況にあり、文化を変える手立てはなかなか見えない。モリソンは、間違いや不正行為に注意を促すことに誰も関心がないと話した。特に、不正行為への注意喚起には無関心だそうだ。問題があると声をあげる科学者は、自分のキャリアを心配するし、大学は大学の評判を気にかけ、疑いをかけられた科学者に訴えられるのではないかと恐れる。そして雑誌は訂正を発表したがらない。より厳しい編集や査読によって防げたかもしれない間違いを認めたくないのだ。

その結果生まれた今の仕組みでは、真実の探究が文献のなかでおこなう宝探しのようになってしまう。そして、批判はしばしば異なる雑誌に発表され、互いにひもづけられるとは限らない。これは、雑誌への論文発表を科学の通用価値として用いることから生じた結果だ。すなわち、有名な雑誌への論文発表に基づいてキャリアが築かれ、訂正や撤回によってキャリアに傷がつく。「文献は、矛盾に満ちたものではなく、もっと生き生きとして発展をもたらすものであるべきです」とモリソンは述べた。だが、論文の数をかぞえ上げ、数百億ドル規模の出版産業に動かされる学術研究機関のシステムから離れた形で文献が発展するのは難しい。

多くの場合、誤った研究は単に消えていき自重で沈むので、進行中の研究の基盤として引用されたり利用されたりすることはほとんどない。そのような論文は、誰かの論文の参考文献リストに一行載っているか、二三〇〇万本以上の論文が収録されている生物医学文献データベース「メドライン（MEDLINE）」に一つの項目として加わっているだけだ。しかし、人目を引く論文や有名な研究所から出された論文に間違いがあったら、事実を明らかにするのは至難の業になることもある。

　第6章で取り上げた、アジア人と白人の遺伝子発現を比較した研究の場合、ジョシュア・アキーやジェフリー・リークらは、元の論文が発表されてからまもなく疑問を提起した。そして、その雑誌の編集長に宛てた手紙でくわしい批判を書いた。原著者らは、自分たちの言い分を述べる機会を与えられた。[14] その主張は、彼らが歯を食いしばりながらも怒りをあらわに発言していたようなものだった。まず、原著者のリチャード・スピールマンとヴィヴィアン・チェンは、実際には自分たちが調べたマイクロアレイチップのそれぞれにアジア人と白人のサンプルをランダムに載せなかったことを認めた（アジア人と白人のサンプルで実験した年月に開きがあったことを考えると、そうするのは無理だっただろう）。「私どもは、ランダム化をしたという不正確な説明を遺憾に思い、記録を訂正する機会をいただいたことに感謝いたします」と彼らは書いていた。だが、それから口調はとげとげしく身構えたものになり、バッチ効果は「『系統的で修正不可能なバイアスがあること』を意味するものでも示唆するものでもありません」と彼らは言い張った。

　彼らは、一〇〇〇種類以上の遺伝子の発現がアジア人と白人で異なるという結論を訂正しなかった。そして、アジア人と白人で発現の仕方が異なる約三〇種類の遺伝子を特定した別の研究を指摘し、自分たちの研究でアジア人と白人で発現が異なった別の九種類の遺伝子を挙げた。明らかに、その論文はいくらかの人種差を特定したものだったというわけだ。たとえ、彼らが調べた遺伝子のかなりの割合（約二五パーセント）に人種差があるとした当初の主張を裏づけられなかったにせよ。

バッチ効果の問題を知っている論文審査委員なら、こうした根本的な問題がある論文の発表をそもそも認めなかっただろう。だが、チェンとスピールマンは論文を撤回せず、科学文献のなかに放置した。その論文は、これまでに三〇〇回以上引用されている。引用したのは多くの場合、論文の主張を文字どおりに解釈している科学者たちだ。そして、記録を訂正しようとしたアキーらの取り組みは、不愉快な経験となった。

「技術的なコメントを書くことについては相当びくびくしました。なにしろ、リチャードとヴィヴィアンのほうが、はるかに経験が豊富で世に認められた研究者でしたからね」とアキーは話し、自分や同僚たちの研究キャリアがまだ数年だったことに触れた。「リスクを冒して報酬がどれだけ得られるのかはわかりません。そうは言うものの、科学は自己修正プロセスだとみな信じていますし、最終的には、この件を指摘して、ほかの方々にこうした問題についてもっとくわしく考え始めてもらうのは大事だと感じました」。彼らの技術報告に書かれていたメッセージは、この種のデータを解析する生物統計学者や遺伝学者のあいだで広まった。だがアキーは、このような研究結果を生物学的文脈に置こうとしている科学者が、特にスピールマンとチェンの論文、さらには同様の手法を用いているほかの研究の弱点を理解しているのかは全然わからないと言う。くだんの件では、間違いを犯した科学者たちは、それを公の場で指摘されたことがうれしくなかった。「ヴィヴィアンは当時、私たちにものすごく腹を立てていました」と、アキーは話した。アキーの話では、そんな態度は年を追うごとに和らいできたそうだ。だがたとえそうでも、チェンはその件で私と話すことを断った。

科学者の三分の一で「疑わしい行為」

「科学の世界で働いている人びとのほとんどは、懸命に働いています。彼らは、費やす時間という意味で、できる限り働いています」と社会科学者のブライアン・マーティンソンは述べた。「体の限界を超えて働いていることもありますし、できるだけ賢いやり方で働いています。それで、もしみながそうしていたら、優位に立つために、成功するために、最初にゴールするために、ほかにどんな手があるでしょう？　できることは、手抜きだけです。あとは、その選択肢しかありません」。マーティンソンは、ミネソタ州にある非営利機関のヘルスパートナーズ・インスティテュート（HealthPartners Institute）で働いている。彼は、このような行為を無記名アンケート調査で見出して報告してきた[15]。科学者があからさまな不正行為を認めることはまれだが、彼が調査した科学者の三分の一近くが、「勘」に基づいて、結果の信憑性を弱めるデータを切り捨てたり、資金源からの圧力を受けて研究のデザインや手法、結果を変えたりするなどの疑わしい行為をしたことがあると認めている（現在はスタンフォード大学にいるダニエル・ファネリも、別の調査で同じような結論にたどり着いた[16]。

マーティンソンが実施した調査の一つでは、科学者の一四パーセントが捏造や改ざんといった重大な不正行為を目撃したことがあり、回答した科学者の七二パーセントが、もう少し軽微な悪質行為に気づいていると述べた。ちなみに後者は、大学が「疑問の余地がある」とする部類に入り、マーティンソンが「有害」と呼ぶものだ。じつのところ科学者のほぼ半数が、自分で過去三年間にこのような行為を一つ以上したと認めた。マーティンソンはこれらの行為を自分の調査で「疑問の余地がある」や「有害」とは呼ばなかったものの、こう述べた。「彼らは、おそらくすべきでなかったことをしてしまったと認めているのだと思います」。ただし、そのような報告を生物医学研究における再現性の乏しさに直接結びつけることはできない。まさにその点を調べる研究には、これまで誰からも資金が提供されてこなかった。「しかしながら、社会科学の理論、特に社会心理学に由来する理論には、このような構造を作ったら……悪い行為に結びつくと教えてくれるものが数多くあると思います」

不正問題の一部は、煎じ詰めると、子どものころに形成されて決してなくならない人間性の一つの要素に行き着く。何が「正しい」のかや「公平」なのかといった概念は、他者と関連を持たずに形成されるのではない。人は周囲を見回したり他者の行為を見たりすることで、自分の振舞いの手がかりにする。自分が公平な機会を得ていると思っている人は、あまり規則を曲げないだろう。「ですが、配分の公正の原則が破られていると感じたら、こう言うでしょう。『ちくしょう。みんなが不正を働いているのだったら、自分もやってやる』」とマーティンソンは述べた。[17]科学者が、自分は公正に扱われていないと思っていたら、『彼ら自身が、理想的とは言えない行為をしがちです。それだけのことです』。科学者たちは賢いが、だからといって、人間の行動を支配する法則が彼らに及ばないわけではない。

そして、いったん手抜きを始めたら、その習慣は科学界に自然に広がりやすい。マーティンソンは、いい加減な研究室がまともな研究室を実際に打ち負かして優位に立つと主張する論文を挙げた。[18] カリフォルニア大学マーセド校のポール・スモールディノとマックス・プランク進化人類学研究所のリチャード・マクエルラースは、あるモデルをシミュレーションし、拙速なやり方をする研究室の影響力が慎重な研究室より早く拡大することを示した。自然選択と進化の圧力は、このような研究室を実際に優遇する。なぜなら、論文で発表する内容の質より論文の数に対して報酬が与えられるからだ。論文を連発するというやり方を採る科学者は成功することが多く、同様の怪しいやり方をする新しい「後継」研究室を立ち上げる可能性が高い。「私たちはこのプロセスを悪い科学の自然選択と呼ぶ。それは、研究者の側には意図的な戦略立案や不正行為が必要ないことを示すためである」と、スモールディノとマクエルラースは書いた。これは、厳密な生物学的意味での進化ではないが、彼らの主張によれば、同じ一般原則が科学文化の発展にも当てはまるという。

そのような行為を助長する一つの要因は、生物医学研究に回せる資金と科学者たちの要求に大きな乖離があることだとマーティンソンは主張する。「詰まるところ、中心にある問題は、あまりにも多くの科学者があまりにも少ない研究資金を得ようと争っており、あまりにも多くのポスドクがあまりにも少ない教授職を得ようと競い合っているという事実に行き着きます。ほかのすべては、それら二つの問題が反映されたものです」とマーティンソンは述べた。これは、職や昇進を求めている科学者だけでなく、研究助成金の獲得に向けて闘っている科学者にとっての問題でもある。今から三〇年前には、ＮＩＨに申請された研究提案のうち、約三分の一に助成金が交付された。だが、その数値は一七パーセントにまで急落している。何にもましてそれが意味しているのは、研究室を運営する科学者が、実験をするのではなく研究助成金の申請書を書くことにほとんどの時間を費やしているということだ。議会はＮＩＨへの助成金を大幅に増額したことで、この問題を意図せずに悪化させた。ＮＩＨの予算は一九九八年から二〇〇三年に倍増し、ゴールドラッシュのような心理を引き起こした。生物医学研究用の研究スペースが全体で五〇パーセント拡大し、諸大学が新しい雇用を大量に創出した。だが二〇〇三年、ＮＩＨの予算は横ばいになった。そのじつ、議会の歳出権限はその後の一〇年間で二〇パーセント以上落ちこみ、空っぽの研究室が残されたほか、減少する研究助成金を獲得しようとする競争が激化した。このシステムは、バランスが大きく崩れたままだ。

さらに、州が大学への資金援助を極端に削減していることで、問題が悪化している。今では、大学の運営資金で州から出してもらえるのはほんの一部であることが多い。州は、誇らしげに

（そして人の目を欺くように）州名をこれらの大学につけているにもかかわらず。一つだけ例を挙げれば、有名なカリフォルニア大学サンフランシスコ校（ＵＣＳＦ）の医学部では、運営資金のうちカリフォルニア州から得ているのはわずか三パーセントしかない。それは、研究者が研究助成金の申請を通じて自らの研究資金を調達しなくてはならないということだ。そして、研究者は激しさを増す競争でしくじると、仕事を失う恐れがある。ＵＣＳＦの名誉研究者ヘンリー・ボーンは、このランキング上位の医学部で、大学本部はもはや同大学内の科学者を研究の質によって判断していないと述べる。十分な金を稼げるかどうかが肝心だというのだ。「ここではダーウィン流の選別がなされています。ＮＩＨが科学者たちに研究助成金を与えれば、彼らを雇います。そして、ＮＩＨが研究助成金を与えないなら雇いません。それで、実際にきわめて優秀な研究者をふるい落とさないですむほどＮＩＨが十分な研究助成金を与えてくれているのならいいのですが」。だがそうではない、とボーンは述べる。大学は通常、科学者が獲得した研究助成金の半額以上を諸経費の支払い用として差し引く。そのような支払いは、州の代表的な大学に対する州の貢献が大きかったかつては、州が負担していた。ジョージア州立大学の労働経済学者ポーラ・ステファンは、大学と研究者の関係をショッピングモールにたとえる。大学は建物を所有しており、賃貸料を請求する。そして科学者はテナントと化しており、研究助成金で家賃を支払ったり、研究助手や研究材料を確保したりしているというわけだ。[19] 金を稼ぎ続けられないと、研究者はきつい。職を失う。

成功するためには、華々しい論文を雑誌でたくさん発表して評判を築くことが一般に求められる。影響力の大きい雑誌に論文が掲載されるためには、ストーリーが意外で（ひょっとすると単にそれが正しくないからかもしれないが）、刺激的で（だからといってその研究が重要とは限らないが）なくてはならない。精神科医のクリスティアン・ヴィンカースとオランダのユトレヒト大学医療センターに所属する彼の同僚たちは、医学雑誌で誇大な言い回しが急増していると報告してきた。彼らは、論文の冒頭で「肯定的な言葉」が使われることが劇的に増加していることを見出した。「特に『robust（根拠がしっかりした）』『novel（新奇な）』『innovative（革新的な）』『unprecedented（先例のない）』といった言葉は、一九七四年から二〇一四年にかけて相対頻度が最大で一万五〇〇〇パーセントにまで増加した」という[20]。

一流雑誌に論文を載せてもらうには、非の打ちどころがないストーリーも必要だ。つまり、あまり重要でない観察結果でも、主たる結果に疑問を投げかけるものがあってはならないし、統計的な裏づけが弱い結果が含まれていてはならない。もちろん、生物医学の現実の世界は複雑で乱雑なので、極端にきれいな研究結果は、本当なら世間の注目を浴びるのではなく疑いをかけられるべきだ。「美しい結果やとびきりきれいな結果を求める圧力は相当あります」と、ＮＩＨの上級研究者で、学術雑誌の編集者でもあるケン・ヤマダは述べた。「以前は、きれいな結果が出ることにはもっともな理由があったと思います。かつては、誰かが美しいデータを示したら、それはほとんどの場合、実験を何度も繰り返さなくてはならなかったということを意味しました」。

すなわち、美しいデータは根拠のしっかりした結果だということを強く示唆したのだ。「ですが昨今では、うわべを取りつくろったり、たった一つの完璧な例だけを選び出したりされると、その陰に説得力に欠ける例が数多くあったとしても、私たちには知りようがありません。なぜなら、すべてのデータが示されるわけではないからです。そういう結果は美しく見えます。説得力があります。画像は嘘をつきません」――少なくとも私たちは、あっさりとそう信じてしまう。

ヤマダの話では、これは必ずしも欺こうとする意図的な試みではない。「（科学者のあいだで）科学情報の公正性に関して誤解がたくさんあります。個人的には、その一部は写真の赤目をちょっと修正することと根が同じだと思っています。日常生活でやっているのと同じように、見栄えをよくしているわけですよ」。だが、うわべを飾ることはすぐに度を超える。たとえば、単粒子電子顕微鏡法というテクニックを採用している科学者は、コンピューター・ソフトウェアの力を使って画像を鮮明にしている。科学者が、自分の期待するものを表す数学的「モデル」を入力することもある。すると、それに似たものが視野のなかに現れると、ソフトがそれを認識して画像をより鮮明にする（デジカメは画像を安定化するときにこれと似たことをおこない、写真をぼやけさせる画素を修正する）。ローレンス・バークレー国立研究所のマクシム・シャツキーとリチャード・ホールは、このテクニックによって研究者がどのように道を踏み外しうるかを示した。[21]彼らはアルバート・アインシュタインが舌を突き出している有名な写真をモデルとしてコンピューターに入力した。画像処理ソフトウェアは、アインシュタインの画像の手がかりを探して、それが少しでもあれば強めるよう特別にプログラムされていた。シャツキーとホールは次に、ホワイトノイズにすぎない一〇〇〇枚の画像をコンピューターに入力した。すると驚くなかれ、ソフトウェアの「修正」によって、アインシュタインが舌を突き出している紛れもないあの写真が生み出されたのだ。イギリスのケンブリッジにあるMRC分子生物学研究所のリチャード・ヘンダーソンは、これと同じような極度の「修正」のせいで完全に誤解を与える画像を文献で目にすると述べた。たとえばある例では、ヒト免疫不全ウイルスを構成する重要なタンパク質だという偽の画像があった。「自らを欺く方法を発明する人間の創造力を見くびってはならない」と彼は書いている。[22]

生物医学界に広がる根深い構造的問題や資金調達問題は、この世界にいる誰にとっても初耳ではない。最近、この話題は、仲間内でのたわいない話にとどまらず、真剣な議論のテーマにもなっている。実際の話、それでグレゴリー・ペツコは、シカゴの若い科学者たちに雑誌の『ヘル』ならぬ『セル』について辛辣なコメントをしていた。ペツコがある会議で講演していたときのことだ。それは、こうした生物医学界の存亡に関する問題に取り組むために、クリスティーナ・マーティネズらポスドクたちによって企画された会議だった。シカゴ地区のポスドクたちは九カ月にわたり、あまり空き時間がないなかで「研究の将来」と題する会議を開いていた。サンフランシスコやボストン、ニューヨークでおこなわれた同様の会議にならって企画したものだ。ポスドクたちは、自分たちが面倒な事態を受け継いでいるとわかっている。そのせいで、彼らのキャリ

ア は脅かされ、さらに、重要な問題を解明して医学研究を進展させるという大勢の人の望みが実現困難になっている。

午前中のプレゼンテーションで、六七歳のペッコは彼らにこう語った。「科学の文化が重要であるのなら、この問題を何とかすることは老いぼれたちの責務です」。ペッコの世代は、生物医学研究システムが破綻したときに主導権を握っていた。しかし、集まっていた若い科学者たちは、生物医学の文化を刷新する独自のやり方を突き止めようと決意したようだった。要するに、師弟関係を改善し、共同研究をする（そしてそれに対する報酬を受ける）よりよいやり方を見出し、雑誌インパクトファクター至上主義と闘い、研究結果を誇張したり見かけをよくしたりする圧力を避けるのだ[23]。

制度的欠陥に対し、何ができるか

二〇一四年、生物医学界の数人の重鎮が、これらの問題について真剣な話し合いを始める時だと判断した。ブルース・アルバーツ（全米科学アカデミー元会長）、マーク・キルシュナー（ハーヴァード大学システム生物学科長）、シャーリー・ティルマン（プリンストン大学前学長）、ハロルド・ヴァーマス（アメリカ国立がん研究所長）が、「制度的欠陥からのアメリカの生物医学研究の救済」と題する記事を書いた[24]。彼らは、これらの構造的な問題をこれ以上悪化させられないと認識し、解決策を探るため生物医学界の合意を求めた。そして弾みをつけるため、自分たちでもいくつかのことを提案した。

その記事は、研究にもっと資金が必要だと嘆く、誰もが予想できる内容にとどまるものではなかった。たとえ研究資金が都合よく増額されても、その需要と供給の均衡はもたらされないだろう。それより、科学者や彼らが所属する研究機関は、いくつかの困難な選択をする必要がある。たとえば、ポスドクの役割を軽くし、科学者をより多く雇って通常の補佐的な仕事を担当させることなどだ。その記事は、生物医学の分野で交わされるさまざまな会話の主要な話題となった。記事の発表から四カ月後、著者らは大学、科学者、学生、政府機関を代表する約三〇人を集めて計画会議を開催した。目的は、さらに広範な議論に向けた課題を設定することだ。焦点となったのは、研究の再現性そのものではなく、生物医学分野の根底にある圧力、つまり非常に競争の激しい環境だ。その会議は意見の一致を見ずに終わり、より大規模な話し合いへと進む道筋についてすら合意が得られなかった。ただし出席者たちは、次の一点については確かに合意した。「何もしないという選択肢はない[25]」。四人の重鎮は、あきらめてしまったわけではない。体系的な変化を要求し続けるために――科学研究における間違いの削減に関する議論も含む――、「生物医学研究の救済」という小さな組織を創設した。

最も財力を持つ連邦政府の資金提供機関は、解決策をただ上から押しつけるわけにはいかない。「ＮＩＨは研究機関の反感を買うのを恐れています」とカリフォルニア大学サンフランシスコ校のヘンリー・ボーンは述べた。従来の政治的駆け引きが、議会の定める生物医学研究費を左右する部分もある。議員は、自分の選挙区にある研究機関を支援する。連邦政府の資金が大学や医療センターに流れると、地域の経済が発展するからだ。それに、議会が生物医学研究に資金を提供してきたのには、病気の家族や死に瀕した友人がいる政治家が非常に多く、そのような政治家が治療法の探索へ支援を望んでいるという理由もある。だが、そのようなかなり先を見通した理由づけが冷めた目で見られるようになってきたのではないかと、ボーンは心配している。「政府というよりアメリカ人は、巨額のお金を使っているのに、たとえばがんは相変わらず治せないということに、はたと気づきました。研究者たちはがんを治すと大げさに言い立てていたわけですが、実際にはそうでなかったとわかったのです」。ボーンは、「みなが、研究はひどくて何の価値もないといつのまにか思っているのではないか」と懸念する。彼は、むろん自分ではそのような意見を持っていないが、研究の進展の遅さからどのように苛立ちが生じるのかはわかっている。

ボーンには、事態の改善に向けたアイデアがある。たとえば、自分の大学に、主要な教授の基本給を出す基金を設立してもらいたいと思っている。それは、やるかやられるかの研究資金争奪戦を減らすためだ。しかし、ボーンは科学者自身も変わる必要があると思っている。「本当の問題はそれだと思います。要するに、野心と喜びのバランスを取ることです」と彼は話した。科学者が成功するためには野心と喜びのどちらも必要だが、現時点では、財政の逼迫(ひっぱく)により、科学者は個人的な野心の重視に傾きすぎている。「好奇心もなく、物事を理解する喜びもなければ、どうしてもストーリーをでっちあげることになってしまいます。そのようなストーリーが正しいこともあるでしょうけど、正しくないことのほうが多いでしょう。実験の時代が訪れる以前には、科学の歴史全体が基本的にそうでした。科学者はストーリーを作り上げ、それらのほとんどに何もなされませんでした。かつて、生物医学は四体液説に囚われていました。それがどんなに不思議なことだったかご存じでしょう！」。人間の体液が血液、黄胆汁、黒胆汁、粘液の四種類に基づくとするヒポクラテスの体系からは、必ずしも病気を理解するための確固たる基盤は生み出されなかった。ボーンは、科学者が発見の喜びに目を向けなければ次のようになると主張した。「科学界にいるのは、出世して、食い扶持を稼いで、楽しく過ごしたいと望む、まさに万人と同じ集団です。そのために、科学者たちは論文を発表しなくてはならないと感じます。そして彼らはそうします。さもないとお金を稼げないからです」。だが、薄っぺらなアイデアから生じる論文は、科学の進歩に寄与しない。

こうした事態を正すことが、これほど重要な時はかつてなかった。生物学は、小規模な研究からビッグデータへの移行という困難な状況のまっただ中にある。この新たな世界では、質が何より重要だ。科学者は、遺伝子、行動、生化学的特性、病気のあいだの意外なつながりを発見するため、膨大な量のデータを処理し始めている。これが「個別化医療」や「精密医療（プレシジョン・メディシン）」と呼ばれている医療の基盤だ。ＮＩＨとオバマ大統領が率いていたホワイトハウスは、精密医療を主要な新しい構想だと認めた。確かに、それは医療の将来になりうるだろう。だが残念ながら、その基礎的取り組みの一部は、あまり厳密でない状況から始まっている。それに、精密医療と連動する確かで一貫した情報がなければ、精密医療は「ガラクタを入れればガラクタしか出てこない」とコンピューター科学者たちがいみじくも呼んだ厄介な現象に、いつのまにか直面しているかもしれない。

第9章　精密医療のハードル

作業の標準化

キャロライン・コンプトンは、世界的に名高い医療センターのマサチューセッツ総合病院で病理医として働いていたころ、がんの疑いのある結腸が手術室で取り出されてからいつ自分の検査室に届くのか、ずっと知らなかった。それには数日かかることもあった。結腸を、手術室から結腸がんを診断する病理医のもとに届けることに「緊急性はなかったと断言できます」とコンプトンは述べた。「大きな結腸がバッグに入れられます。それは手術室に置かれていて、その後、手術室巡回看護師が手術室の一時保管用冷蔵庫に入れます。一日の終わりに、マサチューセッツ総合病院の郵便配達係がやって来て、結腸のバッグを台車に載せます。配達係は、それを二棟向こうの病理部に届けます。病理部で結腸は別の検査室に運ばれ、技術補佐員（テクニシャン）によって記録されてから冷蔵庫に保管されます。三連休の週末なら、当番の研修医は火曜日になってから現れ、結腸を切開してがんの小片を採取し、ホルマリンに漬けます」。ホルマリンは防腐剤だ。

こんなに時間がかかっても、コンプトンが一九九〇年代にハーヴァード大学で働いていたころには患者にとって問題ではなかったし、現在もそうだ。それだけ待たされても、病理医は結腸の組織片を染色し、顕微鏡下で観察し、がんの種類や病期を診断することができる。「それ（長くかかるプロセス）は医療の標準に合っていましたし、今も合っています」とコンプトンは話した。しかし彼女は、こうした組織の採取や保存に対するかなりの無頓着さが、結腸がんサンプルを用いておこなわれる生物医学研究に実際の支障をきたすことを次第に認識するようになった。これらの組織は傷みやすいので、分子の精密な測定に依存する研究は再現できない可能性が高い。

今日、科学者は組織から、顕微鏡を通して見えることよりはるかに多くの情報を引き出そうとしている。精密医療によって、DNAやタンパク質といった分子の特定の断片と病気の診断や予後を関連づけられる可能性がある。このような分子の多くは非常に壊れやすい。コンプトンが言うには、手術室で患者の意識をなくすために用いられる麻酔でさえ、そのような分子に影響を及ぼす恐れがある。外科医が、切除する組織への血液供給を遮断すると、これらの生体分子はさらに変化しかねない。そして、いったん臓器が体外に取り出されると、それらの重要な生体分子の安定性は室温によって変わる。それに重要なこととして、その組織が保存される前に置いておかれた時間によっても変わる。「この問題を解決できなければ、精密医療は現実のものにならないでしょう」とコンプトンは述べた。

　現在はアリゾナ州立大学にいるコンプトンは、病理医がこうした要素の重要性に気づくまでに時間がかなりかかったと話す。一つの警鐘は、ロチェスター大学のデイヴィッド・ヒックスの研究室からもたらされた。二〇〇六年から、ヒックスはある深刻な医学上の謎の解明に取り組んでいた。アメリカ食品医薬品局（ＦＤＡ）は、「ＨＥＲ２陽性」というタイプの乳がんを診断する検査を承認していた。その検査自体は、きわめて正確で信頼できると保証されていた。ところが、約二〇パーセントの確率で、本当は組織サンプルにＨＥＲ２というタンパク質があるのに陰性という結果が出た。そして、最大二〇パーセントの確率で、ＨＥＲ２がないのに陽性という結果が出た。どちらにせよまずかった。ＨＥＲ２を標的とする抗がん剤のハーセプチンが効く可能性があるのに、それを投与されていない女性たちや、ハーセプチンの効き目がないばかりか副作用もあるのに、その高価な薬を投与されている女性たちがいた。

　だが、検査自体に欠陥がないのなら、問題は検査の実施のされ方にあるに違いない。ヒックスの同僚たちは、単純な実験によって少なくともその謎の一部を解いた。彼らは、生検で採取された乳房組織を検査の前に一、二時間置いておいた。すると、それだけで組織サンプルは劣化し、本来は陽性のはずなのに陰性という結果が出たのだ。[1] ＨＥＲ２検査によって検出される分子は、室温で分解する。「世界最高の検査があっても、検体を台無しにしてしまったら間違った結果が出ます」とコンプトンは話した。

その観察結果がきっかけとなって、対策が取られた。病理学の専門家と臨床腫瘍学の専門家を代表する二つの主要な職能団体が、二〇一〇年に新しいルールを定めた。そして間違いを減らす改善策の一つとして、乳房組織の保存を手術から一時間未満にすることを求めた。[2]それにより、HER2検査の信頼性は大幅に改善された。だがコンプトンは憤りもあらわに、組織を外科的に切除してから時間に注意することが求められるのは乳がんだけだと指摘した。ほかの二〇〇種類以上のがんに対しては、サンプルの取り扱いを定めた基準がない。コンプトンの心配は、患者の治療に関することだけではない。彼女は、採取組織を用いる科学研究の信頼性をどのようにして向上させるかについて考えている。

コンプトンは、病理学の専門家は二種類いると説明した。病気を診断する病理医と、研究をする解剖病理学者だ。病理医は、多くの連邦基準や専門的慣行に従う。「臨床検査では、測定の正確性と測定の再現性がすべてです。すべてなんです」とコンプトンは力をこめて言った。「実際の話、臨床検査に関連するあらゆる規制は、検査する回や日や試験所が違っても分析機器の較正と確かな解析結果の再現ができるということに焦点が置かれています」。なにしろ、検査で間違いがあれば、誤診につながって生死に関わる結果を招く可能性がある。「採血管の扱いが正しくなかったら、(血液サンプルから)得られた結果は絶対に信じられません。もう一度採血をお願いすることになります」

一方、解剖病理学者や関連の医学研究者は、どちらかというと実験の出発材料の質をあまり気にしない。「彼らは病理部にやって来て、『(パラフィンに埋められた) 結腸がんの標本ブロックを二〇個もらえる？』などと言います」とコンプトンは述べた。「彼らは何でもありがたそうに持っていきました」。そして、それらを自分の研究室に持ち帰って出発材料とし、「膨大な時間とお金を費やして分析し、誰も解釈できない結果を得るのです。彼ら自身も決して実際に解釈できない結果ですよ！」。コンプトンは、研究所で組織を取り扱うための米国基準はないと言う。

医学研究者たちはすでに、細心の注意を払っていないサンプル採取が精密医療に影響を与える厄介な問題を経験しつつある。ニューヨーク市にあるメモリアル・スローン・ケタリングがんセンターのポール・テンプストらは、血液サンプルから得られるタンパク質を用いた研究をしていた。彼らは当初、がん患者と健常な人びとからの血液サンプルに違いを見出して勢いづいたが、テンプストは、それは単なるバッチ効果だったかもしれないと不安になった。不安は的中した。その後、彼はついに思いがけない原因を突き止めた。採血管だった。健常者の血液サンプルはクリニックで採取され、がん患者の血液サンプルは病院から運ばれてきたことに、テンプストは気づいた。そして、病院とクリニックでは別のタイプの採血管が用いられていたことがわかった[3]。そのような一見すると些細な違いだけで、テンプストの研究結果は無意味なものになったのだ。

出発材料を正しく採取することはきわめて重要な第一歩だが、それは始まりにすぎない。キャロライン・コンプトンは、アメリカ国立がん研究所（ＮＣＩ）で働いていたころに、これらの問題について考え始めた。彼女だけではなかった。コンプトンの友人で当時ＮＣＩの副所長だったアナ・バーカーも、危機感を募らせていた。ある日のディナーのあと、会話はその話題に深く入りこんでいき、「その流れで、『何らかの標準操作手順と最良実施例（ベストプラクティス）を作り出しましょう』と口にする気になりました」とバーカーは話した。サンプル採取も懸案の一つだったが、バーカーはいくつもの懸案事項を挙げた。「どうやってデータを集めるか？　どうやってデータを交換するか？　どうやってデータを解析するか？」。個々の研究者が、これらの手順について自分流の方法を考案する。「誰でも自分の好きなようにしたがります」とバーカーは述べた。たとえそれが生物医学研究の基本的な風潮だとしても、科学者たちがデータを集積しようとしたら、そのやり方ではうまくいくわけがないということにバーカーは気づいた。それでは収拾がつかなくなる。

それを念頭に置いて、バーカーは二〇〇四年、さまざまながんに関連した多くの遺伝子変異を網羅的にまとめる「がんゲノムアトラス（TCGA）」という大規模なデータベースの作製に乗り出した。[4]そしてデータの比較が確実にできるよう、バーカーは個々の研究者には資金を提供しなかった。その代わり、研究者たちと、所定の作業を実行して所定の基準を満たしてもらう契約を結んだ。「それは、再現可能なデータが得られる状況の創出に基礎を置いていました。要するに、私たちがこのプロジェクトに関するすべてを管理したということです」と彼女は話した。バーカーは、組織の採取・取り扱い・保存・サンプル抽出のやり方や、DNAの配列決定法、データの解析法を規定した。そのプロジェクトは、参加していた科学者には創造的でないように感じられたかもしれない。だが、バーカーは一〇年に及ぶこのプロジェクトを終えたとき、有用なデータを大量に集めたと感じただけでなく、科学者たちに、個々のプロジェクトに邁進するのではなく一つの共同目標に向かって研究することを納得してもらったという手ごたえを得た。

そんな経験が例外なのは間違いない。科学者は標準を作りたがらないし、その採用にはなお時間がかかる。細胞株を検証するといった常識的なことすら、なかなか進んでいない。とはいえ、標準の設定という考えは、科学や技術の世界では以前からあることだ。「標準は山ほどあります。およそ考えたくもないほど多くの標準がありますよね」とバーカーは言った。電球やＵＳＢポートから食品の汚染度まで、標準規格だらけだ。だが、それは生物医学研究に浸透しない。「全ゲノム配列決定に関して、標準がいくつありますか？　現時点では、まったくないでしょう」と彼女は述べた。では、ゲノム配列の変異の探索に関する標準はどうだろうか？　「同じ方法ではやっている人はいません」。さまざまな科学者が長年にわたり多くの標準を提案してきたが、同僚たちがそれに気づかないこともある。いずれにせよ、その標準を分野全体に課すのは簡単ではない。

生物医学は、このようなやり方ではとても進み続けることはできない。「生物学では定量化が進行しています」と彼女は話した。「移行は始まったところですが、それによって多くの人が置き去りにされるでしょう。多くの生物学者が、数学的な思考やデータの理解、解析をするための訓練を受けていません。いずれにせよ、ほとんどの人が、私たちがデジタル革命のさなかにあることを理解しています。まあ、ゲノムはデジタルデータですからね」

おなじみの落とし穴

ジョン・ヨアニディスが見出したように（第6章）、有意義なゲノムデータを集めようとする初期の努力は悲惨な失敗に終わった。科学文献には、あれこれの病気に対する遺伝子マーカーを発見したと報告する論文が何万本も載った。ニュースに気をつけている人なら、統合失調症や結腸がん、白血病の原因「遺伝子」がたびたび報道されたことを覚えているだろう。そのうち一〇件ほどの発見は確かなもので、ＦＤＡに承認される血液検査や治療法につながった。企業は、病気の原因ではないかと思われる遺伝的な特徴を探すために患者の血液を喜んで検査するだろうが、検査結果のほとんどは確定的なものではなく、治療法の基礎をなすには不十分だ。たとえ、何百万ドルもの税金を投入しても、再現可能な結果を得るのは非常に難しい。

これが特に当てはまるのが、新しい抗がん剤の探索にゲノム情報を利用しようとしている研究だ。世界有数の研究室から出された結果でも、食い違うことがある。マサチューセッツ総合病院やハーヴァード大学医学大学院に所属するジェフリー・セトルマンらは、六〇〇種類以上のがん細胞株で化合物をスクリーニングするという方法で、新しい抗がん剤の探索に着手した。それぞれの細胞株から遺伝子指紋が取られたので、個々の薬に反応したがんを特定できただけでなく、遺伝子パターンも探せた。異なるタイプのがんでも遺伝的に似ていれば、同じ薬が効く可能性がある。研究グループは二〇一二年、これらのがん細胞で一三〇種類の新薬候補を用いた、四万八〇〇〇回にのぼる実験の結果を発表した。[5] この研究では、やはり一流の研究所であるイギリスのウェルカム・トラスト・サンガー研究所との協力を通じて、薬と遺伝子と特定のがんを結びつける有望なリード化合物がいくつか特定された。

同じころ、第二の共同研究グループが同様の大規模な実験を準備していた。マサチューセッツ州ケンブリッジにあるブロード研究所の科学者たちが製薬企業のノヴァルティスと手を組み、五〇〇種類近くのがん細胞株で二四種類の薬をスクリーニングした。この共同研究には何千万ドルもの費用がかかり、これによって遺伝と薬のデータに関する世界最大の公的なコレクションが生まれた。ブロード研究所のチームは最初の研究結果を、マサチューセッツ総合病院のチームが研究結果を発表した『ネイチャー』誌の同じ号に発表し、やはり新薬開発を狙ういくつかのリード化合物に焦点を当てた。(6)

ボストンにあるダナ・ファーバーがん研究所のジョン・クァッケンブッシュとベンジャミン・エイブ゠ケインズは、これら二つの研究を比較して結果が一致するかどうかを調べることにした。二人の取り組みはこれらのデータを検証する方法としてきわめて効果的な可能性がある。なぜなら、二つの研究チームは同じ出発材料を用いたが、異なる試験法や解析法を採用したからだ。「これに勝る方法はあるまい、と私たちは考えました」とクァッケンブッシュは話した。クァッケンブッシュとエイブ゠ケインズは、両方の実験に共通な一五種類の薬と四七一種類の細胞株を突き止めた。翌年、彼らは『ネイチャー』誌に衝撃的な結果を発表した。二つの実験結果にほとんど相関がなかったことが示されたのだ。(7)二つの研究で本当に同じような効果を示したように見えたのは、一五種類の薬のうちわずか一種類だった。「薬の反応を予測するための判断材料を構築しようと思ってそれらのデータを用いたら、困ったことになります」とエイブ＝ケインズは話した。クァッケンブッシュが相槌を打った。「これらの細胞株からデータを得たところで、患者さんに適用可能な予測ができると、はたして望めますか？　とてもそうはいきません」

彼らの論文は抗がん剤の研究分野で少なからぬ物議を醸し、驚愕と、彼ら自身の解析に対する批判の両方を引き起こした。クァッケンブッシュとエイブ＝ケインズは批判を受け止め、研究結果を少し修正した。それによって、二つのデータセットのあいだの「針はほんの少し、一貫性の側に動きました」とエイブ＝ケインズは言った。二、三種類の薬に関するデータの一貫性は向上した。「ですが、一方のデータセットを取り、別のデータセットで検証し、すぐ患者に応用するなんて、まだ決してできませんよ」

二年後、元の研究論文を書いたブロード研究所の著者らが、自分たちの再解析結果をもって反撃に出た。[8] より緩やかな基準や型破りな統計的手法を用い、彼らは研究結果について、完璧な一致とはとうてい言えないものの、「妥当と思われ」て「まずまず」の相関が認められ、特に大きな効果についてはそう言えると結論づけた。どちらの実験でも、九〇パーセント以上の割合で薬の効果が示されなかった。また、それほどでもない結果については多くの食い違いがあったが、著者のレヴィ・ギャラウェイは、いずれにせよそれはあまり参考にならないと主張した。「ほとんどの抗がん剤について言えば、ほとんどの患者が反応しないというのが現実です」とギャラウエイは述べた。反応するまれな患者は興味深いケースだ。ギャラウェイの話では、そうした珍しい劇的な効果の特定に注力しており、そのような結果は二つの研究でより一貫性が見られるという。

だが、クァッケンブッシュとエイブ゠ケインズは、この豊富で高価なデータの山にずっと多くのことを期待した。医学的に有用な洞察をもたらしてくれる、あまり劇的でない結果の組み合わせを見つけて、病気への新たな手がかりを見出したいと願ったのだ。それは難しいだろう。なぜなら、ノイズの多いつまらないデータと、興味深いがあまり劇的でないデータの境界線がどこなのかについての合意すらなかったからだ。この対立はエスカレートし、どちらが正しくどちらが間違っているのか、両者一歩も譲らない激しい応酬になった。[9]「それ（解析プロセス）の改善を図るべく協力する代わりに、自分たちの立場や見解を擁護することで時間を無駄にしました」とエイブ゠ケインズは言った。結局、彼は博士研究員（ポスドク）を雇って、その論争に関連した科学研究にフルタイムであたってもらうことになった。「双方が、あそこで何かを失いました」

ギャラウェイも事態の経過に不満だった。彼は、自分もクァッケンブッシュもハーヴァード大学のダナ・ファーバーがん研究所に所属しているので、クァッケンブッシュと顔を合わせる機会があれば、「あなたがあのような論文を発表するのなら、この件について事前に話し合おうとしなかったことをいくらか残念に思っていますよ、と正直に言うでしょうね」と話した（クァッケンブッシュによれば、ギャラウェイの研究グループに接触を図ったが拒絶されたという）。今となっては、そのような会話がおこなわれる可能性はさらに低いだろう。というのは、ギャラウェイも自らの再解析手法について、論文を発表する前に相談しなかったからだ。計算生物学者のクァッケンブッシュが事前に聞いていたら、ギャラウェイの再解析手法を厳しく批判しただろう。クァッケンブッシュは、自分の研究室の学生が、ギャラウェイらが利用した再解析手法を使うことは決して許さなかっただろうと述べた。「どんなデータ浚渫（しゅんせつ）の悪魔〔浚渫とは、データをかき集めていろいろな関係をくまなく解析して統計的に有意な結果だけを報告すること〕が彼らに取り憑いて、あんな解析をやらせたのか訊きたいところです」

科学研究ではよくあることだが、この争いは、データが増えたことで少なくとも部分的には解決された。ジェネンテックの科学者が細胞株で似たような研究をおこない、結果を先に述べた二つの結果と比較したのだ。ジェネンテックの結果はブロード研究所の結果ときわめて近かったが、マサチューセッツ総合病院の結果の一部とも一致した。だが、ジェネンテックの解析では特に大きな効果にも着目し、「一致」への基準をクァッケンブッシュとエイブ＝ケインズの解析より低く設定した。[10]

ギャラウェイの話では、問題は二つの研究室がつねにまったく同じ結果を出すかどうかではないという。両者が用いた実験手法や試験法は異なっていたので、それらの実験は互いの正確な再現を意図したものではなかった。言い換えれば、同じ材料に基づく追試ではなかったわけだ。ギャラウェイは、二つの異なる実験手法による結果が一致すれば結果の信頼性が高まると述べた。

そして、両方の実験が技術的に妥当なのに結果が一致しないときは、結果の食い違いからがんの生物学について重要なことが明らかになる可能性がある——なぜ結果が異なるのかを説明できれば。

だが、話はそれで終わりではなかった。この問題が浮上する前から、ハーヴァード大学のピーター・ソーガーは次のようなより根深い問題に悩まされていた。これらの実験で、そもそも厳密な結果が出ているのか？　彼は深刻な疑いを抱いていた。がん細胞株を用いた試験を解析する科学者たちは数十年にわたり、ある重要な生物学的機能を無視してきた。そのせいで、そのような研究のほとんどに疑問符がついたのだ。たとえば、これらの試験では多くの場合、がん細胞の種類が違えば増殖速度が違うということが考慮されない。そのため、実際には細胞が単に最初からゆっくりと増殖しているのに、科学者は、ある薬にがん細胞の増殖を遅らせる効果があると勘違いする恐れがある。ソーガーは一連の実験をおこない、標準的なアプローチにはひどく欠陥があることを示した。彼はそれから、欠陥の簡単な修正法を開発した。

ジェネンテックが研究結果を発表したとき、その報告には十分な詳細情報が含まれていたので、ソーガーはジェネンテックのデータを自分の修正法で補正することができた。結果はと言えば、ジェネンテックの科学者が報告した遺伝子変異と薬の感受性の相関関係のうち、補正後も相関が認められたのは四〇パーセントにとどまった。ある事例では、ジェネンテックの研究によって、特定の突然変異を持つ卵巣がん細胞株で薬の感受性が一〇〇〇倍増加することが見出されていた。

しかし、ソーガーが、その突然変異によって細胞の増殖速度が最初から大幅に上がったという点を考慮してデータを補正すると、その薬の効果はあっさりと消えてしまった。

しかも、重要なのは細胞の増殖速度だけではない。培養フラスコ内の細胞の密度も、実験結果に大きな影響を及ぼす可能性がある。学術研究機関の研究者の多くは、細胞密度についても補正していない。「理論的な見方をすれば、薬の反応性を評価する従来の方法は、まったく適切ではありません」とソーガーは述べた。彼の話では、腫瘍専門医に自分の研究結果を話すと、愕然とするということだ。「私たちは、薬を患者にどう処方すべきかを判断するために、その情報を使います」とソーガーは述べた。「ですから、この問題に関するすべてのことがそうとう厄介になると思います」

ソーガーは自分の研究室の約一〇〇人を、これらの問題の収拾に専念させてきた。それらは根本的に再現性に関する問題だ。こうした問題に取り組むことを、彼は目指していたわけではない。ただ、がん細胞株の研究が有意義な治療法に結びつかないというのは当然の話になってはいるものの、必ずしもそうとは限らないとソーガーは信じている。彼は、根底をなす生物学的メカニズムについて研究者がより深く考え、それらの教訓を活かせば事態を改善できるはずなのに、抗がん剤の研究分野でがん細胞株を用いるアプローチが完全に断念されかねないことを心配する。それに、自分が提起した深刻な問題が十分に理解されていないように見えることに強い不満を覚えている。ほとんどの実験では、相変わらず昔の手法が用いられているのだ。

ソーガーは、試験プロトコルのちょっとした変更によって、はるかに有意義なデータが得られると主張している。[11] だが問題は、科学者たちが、一つのやり方でおこなう研究に何千万ドルもの金をすでに注ぎこんでいるため、引き返して別の方法ですべてをやり直すように求めるのが容易ではないことだ。「特に挙げれば、大規模なプロジェクトを始める場合、しばしばどこかで妥協しなくてはならないということがあります」とレヴィ・ギャラウェイは話した。「すべてのプロジェクトに何もかも用意できるとは限りませんからね」。とはいえ、効果的な新しい手法が登場したとき、引き返して多くの実験をやり直すことは実際にある。ギャラウェイは、これらの試験のやり方を変えることについてソーガーが説得力のある議論をしたという点に同意する。「試験のやり方が変わるとは請け合えませんが、その可能性はおおいにあります」とギャラウェイは述べた。

文献の海

精密医療という夢を追いかける科学者の前には、バイオマーカーをもっと信頼できるものにするうえでの課題も山積している。研究者たちは、病気を診断したり病気の進行具合を追跡したりするための確かなバイオマーカーが見つかれば、新薬候補が効くかどうかがずっと早くわかるということを知っている。たとえば、だいぶ前の話だが、血液中のヒト免疫不全ウイルス（ＨＩＶ）の量が測定できるようになったことで、薬がＨＩＶを撃退するかどうかがすぐにわかるようになった。おかげで、新薬の開発が大幅に加速した。それは、製薬企業は患者がより長く生存するかどうかを見るために待つ必要がなくなったからだ。要するに、ウイルス量に対する薬の効果を測定するだけでよくなったのだ。「薬の適切な用量を確認したり、毒性などのもろもろについて理解したりすることはやはり必要ですが、血中ウイルス量の測定によって、薬の効果があるかどうかはすぐにわかります」とＦＤＡのジャネット・ウッドコックは述べた。

だが、科学文献で報告されてきたほとんどのバイオマーカーは、日の目を見ずに消えている。生物医学研究におけるすべての問題のなかで、「バイオマーカーの再現性のなさと厳密性のなさが、おそらく最も悩ましいものです」とウッドコックは述べた。彼女は、バイオマーカーを見出すための最初の研究段階で厳密性が不十分であり、その責任は学術研究機関の研究者にあると述べる。「生物医学の世界で、誰かがバイオマーカーに関する論文を発表すると、そのバイオマーカーは本物だと信頼されます。ですが、ほとんどが本物ではありません。予測性がないか、付加価値を生み出さないかのどちらかです。そうでなければ、紛れもなく昔ながらの単純な間違いです」。バイオマーカーから何がわかり、何がわからないのかをきちんと突き止めるには「多くの研究が必要です。ですが、みなさんはその労力をかけたがりません。その意味で、この問題は単に研究室内にとどまるものではありません。臨床にもおおいに広がる問題なのです」

ウッドコックは、バイオマーカーに多くの可能性を認める。たとえば、彼女の専門であるリウマチ学分野では、変形性関節症の進行が早い患者と遅い患者がいることが何年も前から知られている。そのような差は、生物学的な原因によって引き起こされるに違いない。そして、原因が見出されたら、変形性関節症の治療への新たなアプローチが見出される可能性がある。変形性関節症にかかるアメリカ人は何千万人もいる。この病気は身体障害や関節痛をもたらし、高額の人工関節置換術が避けられないこともある。「変形性関節症のバイオマーカーで、病気との相関性について厳密な科学研究がなされていない論文が一万本くらいは発表されているでしょう」とウッドコックは述べた。本当に信頼できるバイオマーカーを見出すため、政府や企業の資金提供を受けた数々のプロジェクトによって、論文に載っているこれらの手がかりがふるいにかけられている。「ですが、生物医学研究という大事業の規模に比べれば、その研究努力など」、疑わしいデータの海に吐かれた「唾くらいのものです」。「あまり言いたくないのですが、信頼できるバイオマーカーの探索には何千万ドルもかかります。要するに、お金がかかるのです」

製薬企業は、ときおりそれに投資をしてきた。だから今日、成功して市場に出た検査がわずかながらある。その好例が、乳がんの遺伝子プロファイルを調べる検査だ。そのような検査はバイオマーカー技術の有望性を示しているとはいえ、それらは例外だ。問題の一部は、信頼できるバイオマーカーが見出されても儲かる製品になる見込みが小さいことにある。その点は、患者が治療を受ける過程で何万ドルも売れる可能性がある新しい抗がん剤に比べれば明らかだ。

おまけに、科学者たちは自分たちが行きづまっていることも認めたがらないし、仲間内でさえそうしようとしない。特定のアイデアを中心にして研究室を立ち上げた場合には、なおさらそうだ。アリゾナ州立大学のジョシュ・ラベアは、製薬企業で研究が失敗したら、おそらく会社は担当研究者を新たなプロジェクトに割り当てるだけだろうと述べた。「学術研究機関では、そう簡単にはいかないんですよ」とラベアは言った。「学術研究機関で、望みがなさそうなデータから手を引いても自分の地位を保てる手段があるのかどうかわかりません。それは再現性問題の重要な位置を占めていると思います。自分のキャリアが自分の発見にかかっていますので、固執する必要があるわけです。もし、研究結果が期待に反するものだったと報告したり、うまくいかなかったと述べたりしても首がつながるなら、否定的な結果を認めやすくなると思います」

ラベアは、価値のないバイオマーカーに関する論文があふれるのを食い止めるため、科学誌『ジャーナル・オブ・プロテオーム・リサーチ』の編集者としての地位を利用している。「最近ではずいぶん厳しい態度を取っています」と彼は話した。ラベアは、何らかのバイオマーカーと何らかの病気との関連を報告するだけの論文は受けつけない。そのような論文の著者には、その研究結果を用いて検証可能な仮説を立てたうえで仮説を検証する必要があると告げる。単にバイオマーカーと病気の関連を述べた論文なら、彼は査読すらしない。「そのような論文は送り返します」。今後につながることがまずない論文で文献が埋め尽くされるのは、ためにならない。「それについてはいろいろと非難されてきましたが、バイオマーカーと病気の単なる関連だけではダメだというのは紛れもなく私の方針なのです」。私はラベアに、論文を却下された科学者は、より厳密な追加の研究を実際にするのか、それとも面倒なことはせず、論文を何千種類もある審査の緩い雑誌に投稿してとりあえず発表しようとするのかと尋ねた。「さあどうでしょう」、とラベアは肩をすくめた。しかし、それは重要な問題だ。「そうなったら私たちすべてに影響が及ぶでしょうね。なぜなら、ますます多くの人が大規模な文献検索をおこない、文献の自動要約によって情報データベースを構築しているからです」。すると、病気の診断や治療を本当に改善できるバイオマーカーの発見はさらに難しくなる。

柔軟な臨床試験

アナ・バーカーは、特に治療の難しいがんの一つである膠芽腫(こうがしゅ)への斬新な取り組みによって、こうした泥沼状態——組織採取から始まり、新薬開発やバイオマーカーの検証を含む——の打開策を見出そうとしている。「過去一〇〇年にわたり、このがんをめぐる状況は何も変わっていません」と彼女は述べ、有望な治療法を見つけようとする何百件もの取り組みが失敗に終わったことを匂わせた。バーカーは、がんのなかでもきわめて難しい膠芽腫に対する、ある協調的な取り組みをまとめた。それで突破口が開けたら、人びとが驚いて自分の手法に注目することになるだろうと見ている。「私たちは、出発点からすべてをきちんとしたいと思っています」と彼女は述べた。それは、きわめて厳しく管理された組織サンプルの採取と検査から始まり、個々の病院が忠実に守る治療法という点でもその方針が貫かれる。これは国際的な取り組みで、オーストラリアや中国の病院も参加している（中国では膠芽腫患者が全国の四つの病院に集められる）。

その研究自体が、典型的な臨床試験からの思いきった脱却を象徴している。通常は、製薬企業が研究者のグループに金を支払って、一つの薬の試験をしてもらう。大規模な試験には、数百人から数千人の患者が参加する。そして、ひとたび試験計画が定まると、その試験は、明らかに成功したか、明らかに問題があるとわかるか、すべての患者が登録されて最後の診察や検査が終わるまで、変更されることなく続けられる。一方、「GBM Agile」と名づけられたバーカーの膠芽腫研究は「適応的(アダプティブ)試験」だ。[12]適応的試験では、試験が進む過程で研究者たちが一人一人の患者から何かを学ぼうとする。一人の患者でほかの患者たちより治療効果があるように見えたら、科学者たちは、次の患者に対して試験を修正できるように遺伝的手がかりなどのヒントを探す。そして、進行中の試験の経過に応じて、同じ研究チームが、さまざまなメーカーから提供される数々の薬を単独で、ないし組み合わせて試す。

適応的デザインの概念は、乳がんの研究者たちによって二〇〇〇年代前半に初めて実施された。[13]だが、臨床試験の適応的デザインが用いられることはまずない。それは一つには、標準の臨床試験をしたときよりもFDAの承認を得るのが難しいからだ。しかし、バーカーはその課題を乗り切ってきた。彼女はまた、約一五〇人の協力者からなるネットワークも作り上げてきた。彼らは、プロジェクトの共通の目標である有望な治療法の発見に向けて研究している。このように、適応的デザインは、エゴによって動く研究を脱し、協力に報いるものだ。「よりよい方法があるはずです」。バーカーは強調した。「よりよい方法があるはずなのです」

プロジェクトの対象としてそのような手強いがんを選んだことで、バーカーは不利な状況にあるように見えるかもしれない。だが、彼女の見方は違う。「私たちには、このまれな腫瘍で明白な成功を納める必要があります。なぜかというと、早い話が、ほとんどの病気がまれな病気になりつつあるからです」。それは患者一人一人に合わせる精密医療のパラドックスだ。じつのところ研究者は、それぞれの病気に対する共通の治療法を目指す代わりに、最終的には、はるかに複雑で費用のかかる問題に直面する可能性がある。いずれはそれぞれの患者が、現在よりはるかに詳細な遺伝子診断を受けるようになるだろう。そして医師は、もはや二〇〇種類のがんを治療するのではなく、患者個人の遺伝的特徴や腫瘍の遺伝的パターンによって微妙に違う、それぞれの患者に固有の何千種類ものがんを治療するようになるかもしれない。

精密医療を実現するうえで最も重大な課題は、生物医学研究の根本的なインセンティブを変えることだ。それは生物医学文化の改革を意味する。問題は、どうやって改革するかだ。第一段階は、もろもろの問題やゆがんだインセンティブが十分に理解されるようにすること。そして第二段階は、科学者や大学、研究資金提供機関に対する新たなインセンティブを作り出す方法を見出すことだ。これが研究構想の萌芽のような印象を与えたとしたら、そのとおりだ。じつは、まったく新しい分野が出現しつつある。それは科学研究の実施法の問題を研究し、解決策を明らかにすることを目的とするものであり、「メタ研究」と呼ばれる。

第10章　規律をつくり出す

研究を研究する研究

スティーヴン・グッドマンがキャリアのほとんどを注ぎこんできたのは、医学研究が失敗するさまざまな道筋を検討することだった。それは、彼がジョンズ・ホプキンス大学の生物統計学者・疫学者としての日常的な仕事――同大学の科学者が妥当な臨床試験をデザインするのを手助けすることなど――をするなかで、絶えず彼を刺激し続けた知的な警告から来るものだった。最終的に、グッドマンは生物医学研究の厳密性や再現性の問題に全力を尽くすことにした。そして二〇一一年、スタンフォード大学に移り、二年後、別の研究者と「メトリクス（METRICS）」という施設を設立して新たな試みに乗り出した。METRICSは「Meta-Research Innovation Center at Stanford（スタンフォード大学メタ研究イノベーションセンター）」の頭字語だ。「私たちは研究に関する研究をします」とグッドマンは話した。「何が間違っていたのかや、どうすれば研究を改善できるのかを突き止めるには、研究を研究しなくてはなりません。それがメタ研究の内容です。ただしメタ研究は、メタはメタでも形而上学（メタフィジックス）のようなものではありません〔物理現象を扱う物理学（physics）に対して形而上学（metaphysics）は現象を超越した事柄を対象とする〕。メタ研究は現実を扱います。ということで私たちは現実の物事を見ています」

「私としては、そのセンターを『医学的真実センター』と呼びたかったのですが」と彼は話した。「この名称は問答無用で却下されました」。却下された名称は、医学研究の核心部分に対するグッドマンの憂慮の深さを示している。

メトリクスには、異例の使命だけではなく思いもよらない歴史もある。共同所長を務めるグッドマンとジョン・ヨアニディスは、もともとパートナーではない。グッドマンは慎重派だが、ヨアニディスはプロジェクトからプロジェクトへとすばやく渡り歩き、毎年数十本の論文を発表している。二人は一〇年前、公の場で舌戦すら繰り広げた。だが、生物医学研究の厳密性や再現性のさまざまな要因を解きほぐそうとする模索においては、彼らの異なるスタイルやアプローチが実際には武器かもしれない。

二人とも、メタ研究の土台となる研究を何年もおこなっていた。ヨアニディスは、医学の教育をギリシャとその後ハーヴァード大学で受けていたころ、医学文献がひどく信頼できないことに気づいた。彼のキャリアは、人間を対象とする研究の欠点を研究することから始まった。「ほとんどの場合、データがひどいということがわかりました」と彼は話した。「解析には大きな問題がありました。強いバイアスもありました……そしてほとんどの場合、正直に言わねばならないとすると、データがこれほどあるのに、この研究はどうなっているのかよくわからないと結論づけることになりますよ」。一九九〇年代、彼とグッドマンは別々に、臨床研究の方法を整理する動きに加わった。それは医学にとって変革の時期だった。というのは、医師が漠然とした「専門家の判断」に頼らずデータに基づいて治療上の決定をしようとするようになっていったからだ。データに基づく医療を目指すその動きは、もちろん、確かなデータと注意深い解析に基づく必要があった。だが、そうではないこともしばしばだった。

ヨアニディスの代表的な研究を一つ挙げよう。彼は、主要な医学雑誌に載っている論文で、ほかの研究者から少なくとも一〇〇〇回引用されていたものを調べた[1]。引用回数が一〇〇〇回以上にのぼるのは、研究が当該分野に大きな影響を及ぼしていたということだ。この基準を満たした四九件の研究のうち七件は、その後の研究によって結論が全面的に否定された。そのなかには、生物医学研究におけるいくつかの有名な間違いも含まれていた。たとえば、女性ホルモンのエストロゲンとプロゲスチンが子宮摘出術を受けた女性に有用であるといった主張などだ。実際には、それらを併用すると心臓病や乳がんのリスクが高まる。また、ビタミンEが心臓病のリスクを下げることが見出された研究も派手に宣伝されたが、それも違うということがわかった。ヨアニディスは数年後、間違っていることが証明された元の研究論文が、まだ引用されているのかを追跡調査した。答えはイエスだった。しかも頻繁に引用されていた！　たとえば、規模と費用が過去最大級の医学研究の二件によって、ビタミンEが心臓病のリスクを下げるという主張の間違いが暴かれたのに、それから何年ものちに、テーマが同じ論文の半数で、元の研究論文が好意的に引用されていた。[2]それを知ったとき、ヨアニディスは信じられない思いで首を振った。「一〇億ドルかかる試験を何件すれば、観察研究から提示される何百万もの主張のうちのたった一つの間違いを証明できるのでしょうね？」と彼は私に尋ねた。「実質的な仕事に取りかかる前に、あれこれのことは価値がないと示すためだけでも数百京ドル必要でしょう」。彼の言う「実質的な仕事」とは、本当に効果的な治療法を見つけることだ。ヨアニディスは、ビタミンEの研究にキャリアを費やした科学者たちが、ビタミンEの効果を支持する知見を擁護し続けているのではないかと見ている。「彼らは、根拠など知ったことかという、外界から隔絶された狭い世界で生きていました」

「これが、多くの間違った結果が文献で出回っているとまずいおもな理由です。このような間違った結果が定着しています。取り除けません」と彼は話した。「今後も、文献をたまたま見つけて、その研究結果が間違っていると証明されていることに気づかない人がたくさんいるでしょう」

ヨアニディスが発表した数々の論文は、今では合わせて一〇万回以上引用されている。なかでも最も知られているのが、二〇〇五年に発表した「発表された研究成果のほとんどが誤りである理由」というタイトルの論文だ。[3] その論文はグレン・ベグリーの論文ほど世間の注目を集めたわけではないが、生物医学研究の欠点をめぐる学術研究機関でのさまざまな議論にとっての試金石となった。よく引用されるその論文に関して不思議なのは、そこにデータらしいデータが含まれていないことだ。研究者を対象にした調査がなされているわけでもなければ、科学文献から論文が無作為抽出されて検討されているわけでもない。そのじつ、それはヨアニディスが純粋に統計学的な主張を展開する小論だ。彼は基本的に、科学研究のデザインや実施の仕方を見るだけで、多くの論文の結果は偽陽性にすぎないと言える、と結論づけている。

最初、その論文は統計学者や研究計画者の目に留まった。「次第に、ますます多くの人がこれらの問題を見て関心を持ち始め、自分の分野の状況を知りたいと思うようになりました」とヨアニディスは述べた。論文の挑発的なタイトルも、関心を引くのに一役買っただろう。「実際のところ、あのタイトルはちょっとした賭けでした。なぜなら、論文には実質的な中身がありませんでしたので、しっぺ返しされかねませんでしたから」とヨアニディスは言った。

たとえば、グッドマンはヨアニディスの統計学的な主張に納得しなかった。グッドマンと、同僚のサンダー・グリーンランドは、ヨアニディスの主張の根底にある前提に疑問を抱いた。「多くの医学研究結果は、論文の読者が思うほど確実ではないという、その論文の結論や忠告には同意する」とグッドマンとグリーンランドは書いているが、次のようにも述べている。だが「『ほとんどの分野、ほとんどの研究デザインにおいて、ほとんどの研究結果が間違っている』という主張は、まだ立証されていないと見なされなくてはならない」[4]。

グッドマンの反発に加えて、ジョンズ・ホプキンス大学のジェフリー・リークも、トップクラスの医学雑誌から得た実際のデータを用いて計算をおこない、批判を発表した[5]。リークの論文では、それらの文献における研究が間違っている率はおそらく一四パーセントほどだと結論づけた。その数値は、「ほとんど」の研究結果が間違っているとするヨアニディスの主張と比べれば悲惨さの度合いははるかに低い。それでも、リークの論文は必ずしもヨアニディスの小論と食い違っているわけではない。小論では、研究が間違っている率は、研究の規模やデザイン次第で一五パーセントから九九パーセント以上と指摘されていた。最も質が高いのは大規模な臨床研究だ。一方、サンプル数が少ない研究室での小規模な研究は、統計学的に言えば、ほとんどの場合、正しい可能性は低い（科学者たちは、ヨアニディスの計算から示唆されるように、小規模な研究の全体の九九パーセントが間違っていると聞いたら驚くはずだ）。ヨアニディスの論文を引用しているほかの科学者たちが、研究が正しい確率は研究のタイプによって劇的に異なると述べることはまずない。「単純化しすぎて平均値を出すだけでは、あまり役に立たないと思います」とヨアニディスは話した。とはいえ、「ほとんどが誤り」という論文のタイトルは当然の成り行きとして、論文の読者に平均値を出してみようという気を起こさせた。というわけで難点が何であれ、ヨアニディスの論文が生物医学研究の再現性のなさやその問題への対応に関する現在の話し合いを促したのは間違いない。

基礎研究にも基準を

基礎研究の信頼性を高める方法を見出そうとしている科学者には、臨床研究の改善に向けた以前の動きから学ぶべきことがたくさんある。過去二〇年間で、臨床研究は著しい進展を遂げてきた。最上の臨床研究は、現在では細心の注意をもって（それに多額の費用をかけて）、デザインされ実施される。臨床研究には多くの患者が参加し、研究結果をより確固としたものにするため、複数の研究施設が関与することも多い。そして、臨床研究の改善は医学の進展に寄与し、病気の治療や管理に関する確かな証拠を提供してきたとともに、よからぬ考えを医療行為から徐々に追い払ってきた。一つ例を挙げれば、ある入念な研究によって、エストロゲンとプロゲスチンを併用するホルモン補充療法には多くの女性を死に至らせる危険性があるとわかった。医師がそれらの薬を処方していた年月に、多くの女性の命が奪われた。ある推定によれば、その研究が医療行為の改善を促すきっかけとなり、二〇〇三年から二〇一二年にかけて、一二万六〇〇〇人が乳がんによる死亡を免れ、七万六〇〇〇人が心臓病による死亡を免れたという[6]。

「臨床研究の問題がすべて解決されたとは決して言いません」とグッドマンは話した。「ですが、今では少なくとも、なすべきことを定めた適切な枠組みがあります」。問題は、臨床研究からの教訓を実験科学の世界にどうやって応用するかだ。画一的な解決策はない。それぞれの科学分野に独自の文化があるので、各分野が厳密性を向上させる独自の方法を構築する必要があるだろう。

たとえばグッドマンは、心理学では一つの実験がしばしば全キャリアの基盤になることを見出した。すると、再現実験は実際に妨げられる。「実験をふたたびすることは、その実験の妥当性や、元の研究をした研究者の理論に対する個人攻撃だと受け取られる」ということにグッドマンは気づいた。「私はショックなんて受けるたちではないんですが、これは本当にショッキングです」

病気のメカニズムを解明しようとする基礎研究と、人間で薬を試す臨床試験には大きな違いもある。臨床研究で何より重要な問いは、「薬や治療法が安全で有効か?」という実際的なものだ。臨床試験は、そうしたわりと単純明快なイエスかノーかという問いに答えることを目指す。一方、基礎研究では、はるかに難しい「なぜ?」の問題を探究することが多い。したがって、臨床研究と基礎生物医学研究では「文化がまったく異なる」。

臨床研究から解決策を直接持ちこんで基礎研究に当てはめても、うまくいかない可能性が高い。グッドマンは、それを対外援助プロジェクトになぞらえて説明した。つまり、欧米人が、地元の慣習をよく理解していないのに他国に乗りこんでいって解決策を押しつけることに似ているというのだ。「文化を尊重しなければ、事態を悪化させる恐れがあります」とグッドマンは述べた。さらに、生物医学の各分野に独自の孤立した小さな文化があり、アイデアや手法が――よいものも悪いものも――その内部で広まって行き渡る。規範は時間とともに変わるが、一つの分野から別の分野へと簡単には伝わらない。

改善が必要な事項の多く――研究で動物をランダム化すること、試験群と対照群がどちらなのかを実験者に伏せておくこと、実験が始まったら評価項目を変更しないこと、適切なサンプル数で研究を始めること――は、ことを荒立てずにできるかもしれない。そのような部分で間違いを犯している実験科学者は、往々にして「そのようなことが重要だとは知りませんでした」とグッドマンは述べた。だが、この話題が広がりつつあるので、状況が変わり始めることを彼は期待しており、さらにはそれが最終的に生物医学研究の社会的変革につながることを望んでいる。

システムを変える

グッドマンとヨアニディスは、その社会的変革に拍車をかけようとしている。その目標に向けて、二人は二〇一五年秋、スタンフォード大学構内の広々とした会議場のテーブルを囲む集団の前に立った。二人が招いていたのは、生物医学研究における厳密性の問題を研究するアメリカやヨーロッパの数十人の科学者で、二人は彼らに次のような挑発的な質問をした。これらの制度的な問題を調べ、解決策の候補を見出して検証するために、この新たなグループはどのように研究課題を策定すればいいか？

この会議では、破綻した制度の修正法を考えるときにたいてい生じる次の四つの話題が取り上げられた。個々の科学者に研究のやり方を変えさせること、論文掲載に関するインセンティブを変えさせること、研究資金提供機関によりよい慣行を推進させること、そしてやはり大事なこととして、大学にこれらの問題を把握させることだ。言うまでもなく、これら四つの課題は絡まり合っている。

たとえば、大学が科学者の昇進や終身在職権について判断する際、雑誌に発表された論文の数をあまりにも重視している状況を見てみよう。ブライアン・ノセックは、ヴァージニア大学で正教授の候補にあがったとき、それまでに発表した論文をすべて印刷し、まとめて送付するよう大学本部から要請された。研究者になってから一〇年経っており、発表した論文は一〇〇本ほどあった。「それでこう思いました。いったいどうするつもりなんだ？　論文の重さでも量るつもりか？」。ノセックには、一〇〇本の研究論文を読むのは審査委員たちの手に余るとわかっていた。「ですから、論文を送れという指示から受け取ったメッセージは……量が大事だということです」。ノセックは、最もよい論文から三本を選んで送ったほうが、自分の業績を見る資料としてもっと役に立っただろうと話した。そして、単なる論文の数ではなく研究結果の質が終身在職権を得るための鍵だという意識があったら、研究の過程で「研究へのインセンティブがまったく変わったでしょう」と述べた。ノセックは、発表論文のリストを埋められるだろうかと心配するよりも、少数の興味深い重要な問題について考えることにもっと時間を費やしただろう。

オランダのユトレヒト大学医療センターの医学部長を務めるフランク・ミーデマは、この問題を制度上の観点から見た。ミーデマは、同センターの科学者たちが年間三五〇〇本の論文を発表していることについて次のようにこぼし、スタンフォード大学の会議参加者たちに問いかけた。「それにしても、誰が読んでいるのでしょうね。みなさんは、われわれの論文の一本でも読んだことがありますか？」。返事はなかった。論文の数を強く求めるのは完全な見当違いだとミーデマは主張した。そのせいで科学者たちは、重要な答えがある問いではなく簡単に答えが出る問いを投げかけている。大きな成果があるかもしれないとはいえ完全に失敗するかもしれない高リスクのプロジェクトには、誰も四年も費やしたがらない。そうした大きな問題に取り組むのは医学を進展させる有効な方法かもしれないが、現在のインセンティブの構造を踏まえれば、科学者のキャリアへのリスクは非常に大きい。

ミーデマは、そんな学術研究機関の罠を打破するため、ユトレヒト大学医療センターで実験を試みていると述べた。「患者さんたちに尋ねるのです。そうすれば、何を望んでいるのかを話してくれます。それを私たちがするのです」。同センターでは、そこに所属する科学者を判断する際、研究が一般市民に及ぼす影響を重視し、純粋な好奇心にかられた研究はさほど考慮しない。「ほとんどの論文は一度も読まれないか、ほとんど読まれません」とミーデマは言った。「研究者が正しいことをするのを奨励せず、そのような研究者に報酬を与えないならば、研究者は無駄な論文を発表し続け、何も変わらないでしょう」と彼は述べて言葉を続けた。「みなさんが一〇年後にまた集まったとき、ジョン（ヨアニディス）の髪はますます薄くなっているでしょうが……このシステムの何も変化していないでしょう」

当時、アメリカ食品医薬品局（ＦＤＡ）の長官就任に向けて議会の承認を待っていたロバート・カリフは、アメリカでもそういった感覚が根づき始めていると述べた。「学術研究機関は悪弊を取り除き、利己的な仕事を脱して、患者さんにとって大事な問題に答える仕事に乗り出さなくてはなりません」とカリフは述べた。「ただありがたいことに、患者さんたちがだんだん主導権を握りつつあります」。市民が気にかける問題に学術研究機関が答えなければ、「研究資金が提供されなくなる可能性が大ありです。なぜなら、研究について言いたいことが市民の側でたくさん出てくるでしょうから」。政治家はすでに一部の生物医学研究費について、それを投入する方向を国防総省を通じて決めている。国防総省は、論文の査読プロセスに参加する患者支援団体から強い影響を受ける。患者支援団体は、アメリカ国立衛生研究所（ＮＩＨ）の研究助成金を受ける科学者の研究テーマ設定にもさらに関与しようとしている。だが、そのような団体も科学者の協力を必要とする。一方の科学者は、自分のアイデアを頭に描き、そんな知的な夢想を追うために研究助成金を得ることに慣れきっている。患者のためになる研究と純粋な好奇心に導かれた研究のどちらも欠かせない。それはバランスの問題だ。

学術研究機関の研究を改善するインセンティブは、製薬企業からももたらされる可能性がある。というのは、製薬企業は社内の研究部門を少しずつ縮小しつつあり、新薬のリード化合物の探索をますます学術研究機関に依存しつつあるからだ。グレン・ベグリーが二〇一二年に発した警告は、容赦のない言葉で学術研究機関の研究をめぐる問題を明らかにした。一部の大学は、今では純粋な科学的探索と商品化活動を融合した研究を推進している。バーバラ・スラッシャーは、そのような取り組みの一つを開拓している。彼女はその境界線の両側に立っており、双方のアプローチの一番よいところを活かすため、ジョンズ・ホプキンス大学である活動を進めている。学術研究機関の科学者は企業の研究者を、創造性に乏しいと見下すことがある。だが、企業は重要な物事をきちんとおこなう。それに、製薬企業は新薬候補をＦＤＡに申請して市場を目指す準備をしている段階で、ＦＤＡに認可された「医薬品の安全性に関する非臨床試験の実施基準（ＧＬＰ）」というガイドラインに従わなくてはならない。その場合、煩雑な手続き（ほとんどは注意深い文書作成）が仕事に加わる。

スラッシャーは、新薬開発に動きだす前に、企業が用いる手段のいくつかを利用して学術研究機関発のアイデアを検証しようとしている。彼女は、製薬企業が学術研究機関の研究の質の悪さを愚痴るグレン・ベグリーが書いたのと同じような論文が、さらに出される事態を避けようとしていると述べた。「それはよくありません。まずいです。ですから、まずは組織内にとどめておこうというのが私たちの考えです」。アイデアが製薬企業に到達する前に「身内にとどめておこうというわけです」。「解決策についてお話しされるのなら、それは今後私たちがもっと頻繁に目にするようになるものだと思います」

全米トップレベルの研究機関であるジョンズ・ホプキンス大学でも、スラッシャーの研究室は、同大学のほかの研究室から出された結果の再現に苦労することがある。彼女たちは、数十件にのぼる有望なアイデアを研究してきた。「私の推測では、再現成功率は五〇パーセントより高いでしょう。それだけ高い理由は、おそらく元の発見をした学科と連携して研究しているからだと思います」と彼女は話した。「私たちは、生物医学研究の再現性がないということに片をつけなくてはなりません。それは問題です。改善しなくてはなりません」

グレン・ベグリーも、この件に加わってきた。彼は二人の同僚と、企業では効果があるＧＬＰ（Good Laboratory Practice）が学術研究機関に適用されるべきだとして論文にこう書いた。[7]「科学界は、同様のシステムを研究に対しても考案すべきだ。われわれはそれを『研究機関の研究に関する実施基準（ＧＩＰ（Good Institutional Practice））』と命名する。研究資金を提供するかどうかが、ＧＩＰの順守を保証する記録によって左右されるなら、健全な研究が正当に認められるだろう」。化学・医薬品メーカーのメルクに所属するマイケル・ローゼンブラットは、さらに積極的な改善策を提案している。製薬企業は大学の研究に資金をより多く提供すべきだが、その代わり大学は、研究結果がしっかりしたものでなかった場合、提供された資金を払い戻すという保証を申し出るべきだというのだ。[8]そうすれば当然、大学は学内で手がける研究の再現性の保証に、より積極的な役割を果たすだろう。

雑誌の出版社も、再現性問題の解決に向けた役割を果たせるだろう。一つの簡単な対策は、「否定的な結果」、すなわち以前の肯定的な結果の再現に失敗したことを報告する研究を、より多く発表することだと考えられる。知名度の高い雑誌は、今のところそれには乗り気ではない。なぜなら、そのような追跡研究の論文は、新しい発見を報告する刺激的な論文より引用されることが少ないため、雑誌のインパクトファクターが下がって利益が減る恐れがあるからだ。スタンフォード大学メタ研究イノベーションセンター（メトリクス）のダニエル・ファネリは、雑誌が論文の「自主撤回」システムを構築することも提唱している。[9] それは、自分が悪意のない誤りをしたことに気づいた科学者が、その研究を発表した雑誌で間違いを知らせることができるようにする仕組みだ。自主撤回はすでにおこなわれていると思われるかもしれないが、じつのところ、撤回すれば問題行動があったためだと思われることがあるので、科学者は悪意のない誤りを認めたがらない。同僚たちから撤回の経緯を怪しまれ、評判やキャリアに響く可能性があるからだ。撤回は「しばしば、論文の著者間のいさかいの種や雑誌の編集者たちにとっての法的な悩みとなる」とファネリは書いている。だが、自主撤回ならば、撤回の理由が悪意のない誤りだということを知らせる合図として、すべての研究者に承認されるだろう。ファネリはさらに、雑誌は「科学的恩赦」の年を設け、その年には何のおとがめもなく論文を自主撤回できるようにすることを検討すべきだと提案し、次のように述べた。「間違いのある論文が取り除かれ、悔い改めた科学者は報酬を与えられる。そうすれば、過ちを犯してやり直しの機会を与えられた科学者は、以後誘惑を絶つだろう」

雑誌の査読プロセスにも改善の余地はたっぷりある。スティーヴン・グッドマンは、科学雑誌に正式な統計編集委員会が二〇一五年までなかったことを知ってあっけにとられた（ただしそれ以前にも、科学雑誌は査読者に統計学者を加えていた）。「統計委員会は実験科学の査読に絶対不可欠だと数十年前から認識されてきました。なのに、科学雑誌はそれに気づいたばかりです。なぜそんなことがありうるのでしょう?」。もう一つ問題がある。査読は通常、無償なので、科学者がその作業を大学生にゆだねたり、あまり時間をかけないで論文の問題を見逃したりする可能性があるのだ。

多くの科学者は、雑誌がそのようなやり方を変えるのをただ待っているのではない。ソーシャルメディアによって、科学者が論文の相互評価に関する会話を従来の査読ルート以外でおこなう手段が生まれている。科学界の活動家であるカリフォルニア大学バークレー校のマイケル・アイゼンは、同業者たちの研究について一四〇語の批評をツイートする。カリフォルニア大学デイヴィス校のポール・ノフラーは、関心のある研究を取り上げて鋭い記事をブログに書く。[10]「パブピア(PubPeer)」というウェブサイトにコメントを投稿している科学者もいる。パブピアでは、匿名で研究論文を批判することが許されている。それにNIHも手をこまねいているわけではなく、「パブメド・コモンズ(PubMed Commons)」を設けた。それは、公表を前提としたコメント投稿セクションで、主要な文献データベースのパブメド(PubMed)と結びついている〔パブメド・コモンズは二〇一八年に終了〕。

「ファカルティ・オブ・サウザンド(Faculty of 1000)」というイギリスの組織は、ウェブサイト内に「前臨床試験における再現性・頑健性」というプラットフォームを築いた。[11]そこでは、以前の研究を批評する論文や、再現失敗を報告する論文を受理する。論文が投稿されると、査読がコメントの形でもたらされる。科学者たちは「バイオアーカイヴ(bioRxiv)」というサイトにも投稿を始めている。それは、「プレプリント（出版前の論文）」を投稿するサイトで、事前の査読は必要ないが、論文のチェック役として、雑誌の「門番（ゲートキーパー）」たる編集者ではなく、それらの論文にコメントする科学者たちを頼りにしている。こうした活動によって、最終的には科学研究における究極的な通用価値として雑誌論文が持つ価値が下がり、科学界は、科学研究とともに記録が進化する、より流動的な世界へと向かう可能性がある。ハーヴァード大学医学大学院の博士研究員（ポスドク）アーメド・アルカティーブは、科学者が研究をもっと小分けにして発表すべきだと提唱する意見記事を書いた[12]。そしてその際には、従来のデータに新しく加わった少数の情報の発表に注力し、その新しい情報を解析して、それをより広範な科学的文脈に位置づけようとすることにはあまり重点を置かないようにすべきだという。アルカティーブは、このシステムによって、人気のある仮説を支持するデータに科学者が必要以上に注目するインセンティブが抑えられるだろうと主張した。論文発表システムがより軽快なものになれば、確認研究の結果や否定的な結果の発表も促されるかもしれない。

スタンフォードでの会議で講演した『サイエンス』誌の編集長マーシャ・マクナットは（全米科学アカデミーの会長に就任する前）、ゲートキーパーとしての雑誌の役割を軽んじれば、若い科学者や学生は文献で何を信じればよいのかさらにわかりにくくなるのではないかという懸念を表明した。一方で彼女は、『サイエンス』誌の編集長を長く務めたジョン・マドックスのエピソードを語り、科学出版物の限界も認めた。あるとき誰かがマドックスに、『ネイチャー』誌が発表した論文のどれくらいの割合が間違っているかと尋ねた。「するとと、「有名な話ですが、彼は『全部だよ』と答えました」とマクナットは述べた。「マドックスが言いたかったのは、時間のレンズを通して見た場合、私たちが書き留めたことの何もかもについて、のちに振り返ってみたら次のように言うだろうということです。『あれはちょっとおかしい。あれは現在における物事の説明の仕方とはずいぶん違う』。というわけで、ほとんどの論文は時の試練に耐えられないのです」。マクナット自身も、『サイエンス』誌のアーカイブの奥深くに眠っている論文についてこう述べた。「それらを今ふたたび掲載するかというと、たぶん私はしません。たとえそれが最新かどうかを考慮に入れないとしても、です」。マクナットの主張はもちろん、雑誌は役に立たないということではなく、科学的知見は一時的なものであり、一時的なものとして扱われるべきだということだった。

こうした提言の多くは、あまり華々しくない論文を掲載したら評判を失いかねない雑誌に対しても、研究資金提供元の企業に返金保証をしなくてはならないかもしれない大学に対しても金銭的な意味を持っている。だが、ブライアン・ノセックは、金だけが人間の行動を変える唯一の方法ではないと主張した。「解決するために、予算を大幅にシフトさせる必要はありません」と彼はスタンフォードの会議で述べた。「少しのシフトでいいのです」。そして、小さなインセンティブが並外れた影響を及ぼす可能性もある。ノセックが検討してきた一つのアイデアには、研究を正しくおこなう科学者に「バッジ」を贈ることが含まれている。小学校の宿題のできがよかったら先生から金色の星形シールをもらえるように、研究者がデータの共有に同意した論文は、目に見えるしるしを与えられて目立つようになるというわけだ。「バッジなんてばかげています。でも効果があるんですよ」とノセックは述べた。

オープンサイエンスセンター（第7章）は、『サイコロジカル・サイエンス』誌が二〇一四年に著者の開放性を表すバッジを発表し始めたあとに解析をおこなった。同誌で論文を発表した多くの科学者は、この品行方正さのお墨付きを得ようと求めたわけではなかった。それでも、彼らの行動は変わった。その雑誌がバッジを掲示し始めてから一年後、データを公開する論文の割合が三パーセントから三八パーセントに増えたことをノセックらは見出したのだ。[13]

もちろん、科学者がいくつかの単純な技術的手順を踏めば、再現性は向上するだろう。たとえば、細胞株を検証する、抗体の実験で適切な対照を置く、マウスの実験で適切な動物数を選択する、どんな仮説を試そうとしているのかを実験に先だって決定する、といったことだ。ノセックなどの科学者は、単に問題意識を高めることによって、そのような手順をもっと普及させたいと願っている。そのための一つの手段が、科学者が従うべきガイドラインやチェックリストを発表することだ。たとえば、「ARRIVEガイドライン」は、動物実験の結果を発表する科学者にチェックリストを提供する。[14]ノセックは委員会を招集し、「透明性と開放性の推進ガイドライン（TOPガイドライン）」を策定した。動物研究ガイドラインに関して二〇一三年に実施された調査では、二六種類のガイドラインが見つかり、それらのガイドラインには五五項目の提言（ランダム化や適切な動物数など）が含まれていた。[15] 主要な雑誌は、ＮＩＨ主催の会議で協議された出版ガイドラインを採択しており、論文の著者に順守を求める。たとえば、『ネイチャー』誌は科学者に、細胞株を検証したかどうかから始まるチェックリストをすべて満たすように義務づける。もっとも、科学者が完全にリストを満たしていなくても、同誌は「センセーショナル」な論文を発表することがある。それに、最も広く受け入れられているガイドラインでさえ、無視されることが多い。[16]

そこから明白な結論が導かれる。意識の向上だけでは不十分ということだ。科学者が基準を上げることにつながるインセンティブを作り出すため、科学研究の社会的な状況が変わる必要がある。だが、再現性の問題を解決しようとしている科学者のほとんどは生物学者や医師であり、科学研究の文化の再構築について考える能力を持った社会科学者ではない。科学研究の研究に注目する社会科学者は、現在続いている行動の理解や修正に関する実践的な問題ではなく深遠なテーマに取り組む傾向がある。だが、ノセックやブライアン・マーティンソンといった少数の先駆者は、この領域に分け入ってきた。モントリオールのマギル大学で生命医学倫理に着目するジョナサン・キメルマンも、そのような一人だ。スタンフォードの会議で、キメルマンは科学者の行動を修正することについてもっと深く考えるよう研究者たちを煽った。

キメルマンは、科学研究から失敗や再現不可能な結果がなくなることはありえないのだから、科学者が研究結果を報告するときに、自分の発見にどれほど自信があるのかを述べたら科学者たちの役に立つだろうと挑発的に主張した。もし見出したことが突飛なアイデアならば、自分の研究結果にそこまで自信がないと宣言すればよい。そうすれば、そのアイデアを追いかけている科学者は、自己責任で研究を進められる。一方、結果に強い自信があるのなら、そう言えばよい。また、優れた業績があれば、研究結果への信頼が与えられるだろう。もちろん、このシステムがうまくいくのは、こうした主観的な判断が半々を超える確率で正しい場合に限られる。キメルマンは、科学者が研究結果について、実際のところどの程度予想できるかを測定する実験をおこなっている。

科学者は、自分の研究についてのみならず、読む論文についてもつねに判断をくだしている。キメルマンは、このような判断の数値化と報告が当たり前にできるようになることを期待する。この戦略によりキメルマンは、雑誌の論文の無味乾燥な解析では伝えられない人間の能力を活用しようとしている。それは「みなさんの頭のなかで起こっていることに近づいていきます」と彼は話した。「それは、ここでのパズルの欠けているピースの一つであるだけでなく、間違いなく本当に重大な事柄だと思います」

長期的な視点も

私たちが会話していたとき、キメルマンはほとんど異端に思われるアイデアを持ち出した。もしかしたら、ある程度の誤りは欠かせないかもしれない、というのだ。その理由として彼は、誤りのおかげで科学者たちが議論する対象がもたらされるという点を挙げた。株式市場は、任意の株式価格についてみなの意見が完全に一致したら機能しないだろう。その場合には、誰も何も売り買いしないだろう。「あらゆる経済と同じで」、科学にも「がらくたがたくさん必要かもしれない」という考えをキメルマンは示した。[17] このアイデアは、生物医学研究をさまざまな要素が複雑に入り混じったシステムとして眺めたことから生まれたものだ。目下のところ、「個人に過剰な重点が置かれています。ですが、大事なのは生物医学界がどこに進んでいるかであって、特定の研究室がどこに向かっているかということではありません」とキメルマンは主張した。「言い訳がましい印象を与えてしまったのなら、言っておきます。私は誤りを擁護しているのではありません」と彼は断言した。「そのじつ、ほとんどの場合、私は誤りを批判する立場だと見なされるでしょう。でも私が思うに、再現性には多くの側面があって、それを私たちは概念的にあまりよく理解していません。こうしたことを明らかにするためには、さらに努力すべきことがまだあると思います」

最後にもう一つ、直観とはまるで相容れないように思えるかもしれないアイデアを挙げておきたい。それは、医療の進展を加速させるためには、実際には生物医学研究のペースを落とすべきだという考えだ。これは、取り組むプロジェクトの数を減らして、より注意深く研究するということを意味する。そして、科学文献では掲載する論文を減らす代わり、より入念になされた研究の論文を掲載することによって、科学文献の質を向上させるということでもある。一九六三年、物理学者で科学史家でもあるデレク・デ・ソーラ・プライスは、科学文献が指数関数的に増えており、科学研究のインセンティブを変える対策がなされなければ、いずれ手に負えない状況になるだろうと警告した。アリゾナ州立大学のダニエル・サレウィッツは、プライスの心配が現実になりつつあると述べた。「現在起きている、科学研究の量と質という互いに関連づけられた問題は、プライスが見通したことが恐ろしい形で現れたものだ。これらの問題が、統計や研究室での慣行を改善するといった、個々の研究室で取る対策を通じて解決されることは、とてもありそうにない」[18]。サレウィッツは次のように話した。現状を考えると、科学研究に対する期待を実際に下げれば、科学者も一般市民ももっと幸せになるだろう。

私たちは、文献に載っている一つ一つの論文が、「よい」あるいは「ひどい」にすっきり分類されると思いこまないようにすべきだ。ほとんどの論文の価値は一時的なものだし、その真価がわかるまでに数十年かかるかもしれない。今日の医学に見られる進歩のなかには、数十年前の発見に由来するものもある。そして、今日なされた発見のなかには、何十年も経ってからようやく価値があるとわかるものもあるだろう。私たちが過度な期待を少し抑えれば、科学者は分化転換（第1章）のような疑わしいアイデアにあまり突っ走らないだろうし、市民が最新流行の食事療法に飛びつくことも少なくなるだろう。これは、病気の処置法や治療法の探索が急速に進むことを期待している患者や患者支援団体にとっては悲観的な見解に違いない。しかし、迅速と拙速を区別することが重要だ。

量より質を重視することによって、第7章で実験を三回すると答えたジョンズ・ホプキンス大学のアルトゥーロ・カサデヴォールの学生たちには、単にもう一度実験するのではなく考える機会が与えられるだろう。それは、あまりにも多くの研究室が利用可能な研究資金を奪い合うという、生物医学研究システムを財政的に持続不可能にしてきた構造的な苦境から抜け出す道筋を示唆している（残念ながら、痛みを伴わないわけではないが）。そして突きつめれば、それは多くの科学者が大事にしている価値、すなわち、正しくあることが何より重要だということを物語っている。

謝辞

本の執筆は、孤独な仕事に思われるかもしれない。だが私の場合、当座の問題にやはり情熱を注いでいる人びとや、少なくとも仕事だからという以上の忍耐力や寛大さを持っている人びとが構成する社会構造に深く関わる形で執筆にあたった。私の代理人であるジェームズ（ジム）・レヴァインは謎めいた出版界との交渉を手助けしてくれ、私のアイデアを文字にするプロセスについて苛立つことなく、私が執筆に専念できるようにしてくれた。ジムは、出版社のベイシック・ブックスで私の担当となった編集者Ｔ・Ｊ・ケラハーが、科学書の編集にかけてはこの業界でトップクラスだと教えてくれた。私はその言葉を信じるにやぶさかではない。Ｔ・Ｊには、本書のプロジェクトが具体化しつつある過程で適切なコメントをしてくれたことや鮮やかな編集手腕を振るってくれたことに感謝する。ナショナル・パブリック・ラジオ（ＮＰＲ）で私を担当してくれた編集者のジョー・ニールも、草稿に多くの鋭いコメントをしてくれた。NPRの科学部を運営するアン・グデンカウフにも、私がこのプロジェクトに関わる時間を与えてくれたことに謝意を表したい。

本書で直接引用した方々のほとんどには、二〇一五年から二〇一六年にインタビューした。多くの方が、貴重な時間のなかから少なくとも一時間を割いてくれた。それよりかなり長い時間を確保してくれた方々もいる。インタビューに応じてくれたすべての方に感謝している。本文で触れたのでここでは全員の名前は挙げないが、特にリチャード・ネーヴやジョン・ポーターには、現在も取材に応じてくれていることに感謝したい。オラフ・アンダーセン、マーク・ワイニー、それにワイニーの研究室のメンバーたちは、私が次々に浴びせる質問に快く耐えてくれたうえ、私を歓待してくれた。ジョンズ・ホプキンス大学のロジャー・ペンにも、統計学的な事柄の整理を助けてくれたことにお礼を言いたい。そして、個人的な話を聞かせてくれたトム・マーフィー、サリー・カーティン、スタン・アートマンには特に感謝している。

『ネイチャー』誌からのすべての引用は、マクミラン出版社から許可を得て転載した。スチュアート・ファイアスタインの著書『失敗――なぜ科学研究はそれほど成功するのか』からの引用については、オックスフォード大学出版局からの許可を得ている。パブリック・ライブラリー・オブ・サイエンス(PLOS)が発行する雑誌や『eライフ』誌には、クリエイティブ・コモンズ帰属ライセンスを通じて資料を自由に使わせてくれることにお礼を申しあげる。

最後に、アリゾナ州立大学科学・政策・成果コンソーシアムのダン・サレウィッツに心から感謝したい。彼はアリゾナ州立大学がワシントンDCに構えるオフィスに私の仕事場を提供してくれたうえ、客員研究員としての地位を与えてくれた。その一環として資金援助も受けられた（テンピでのアナ・バーカー、キャロライン・コンプトン・ジョシュ・ラベアへのインタビューは、アリゾナ州立大学の支援による出張だった）。なかでも重要なこととして、本書がまとまりつつあるときにダンとさまざまな会話を交わせたことや、彼がその期間中にずっと本質を突くコメントをしてくれたことがありがたかった。

リチャード・ハリス
二〇一六年九月

解説

大阪大学　蛋白質研究所　篠原　彰

著しい発展を遂げる生命科学は、社会に貢献しているように見える。かつて、生き物やその本質を知るための基礎的な学問だったものが、今や、医学や医療など人命にかかわる分野に直結するようになった。二〇世紀後半から分子レベルの研究が急速に発展し、二〇〇三年には人間の設計図であるヒトゲノム配列が解読され、今では、CRSPR/Cas9と呼ばれる技術を使ってヒトをはじめとする複雑な生物のゲノムを編集することまでできる。そうした発展の行きつく先の一つにはもちろん、人間の病気を治療する方法の確立がある。これは世界規模の営みであり、日本も基礎生物学の成果で多大な貢献をしている。それはノーベル医学・生理学賞の受賞者がこの一〇年で三名に上ることからも明らかであろう。

その一方で、生命科学、および生命医学は深刻な危機に見舞われている。こう言うと、研究不正の問題が思い浮かぶのではないだろうか。そう考える研究者も多い。ところが、研究不正は生命科学が抱える危機的状況のごく一部に過ぎない。今、問題視されているのは、研究自体が信用できず、その成果の大半が疑わしいということである。極端な言い方をすれば、科学研究として成立していないものがあまりにも多い。なぜ、そんなことになっているのか。これが本当なら、科学者たちはその危機を乗り越えるために何か手を打っているか。この問題に深く切り込んだのが本書だ。著者はアメリカで活躍するジャーナリストであるため、どうしても米国の話が中心となるが、暗澹（あんたん）たる状況にあることは日本も同じである。

では、日本の状況はどうであろうか？　この一〇年、研究公正性という言葉をよく耳にするようになった。二〇〇六年に日本学術会議が「科学者の行動規範」を公表し（二〇一三年に改定）、各研究機関に研究倫理教育を積極的に実施するように働きかけた。この流れは、公正性の一つの側面である研究不正によるところが大きい。東京大学分子細胞生物学研究所で起きた二件の研究不正、日本中を騒がせたＳＴＡＰ細胞不正、そして製薬会社と複数の大学の不適切な関係によって重大な論文不正が行なわれたディオバン事件などが契機になり、研究者レベル、国レベルで研究の公正性を目指した倫理教育が確立しつつある。

しかし、研究公正性と言っても、捏造（ねつぞう）、改竄（かいざん）、剽窃（ひょうせつ）という三つの不正の防止を中心とした取り組みである。これは、研究者に最低限のルールを守らせ、守らなければ罰則を与えるというもので、研究の支援と原資の配分を担う国の危機感から生まれた取り組みと言える。

一方で、研究者サイドからの取り組みもある。一般財団法人　公正研究推進協会（ＡＰＲＩＮ）は研究者の発案によって設立された組織で、研究倫理の教材を作成し運用することや研究不正などの諸問題への対応策の提言などを業務としている。私が所属している日本分子生物学会も、身内の不正が発覚したことで一時期熱心に取り組んだが、不正に関する話題が中心で、再現性のなさなどの厳密性に対しての議論はなかった。今、日本国内の研究者の大半は上述の三つの不正と、研究費の不正使用の防止を目的とした倫理教育を年に一度は受けることが求められている。研究者レベルの取り組みが進まないのは、前向きなはずである研究公正性の問題が、己のシステムを批判する後ろ向きな活動と誤解されやすいことや、自らを律することへの躊躇（ちゅうちょ）があることが大きな要因かもしれない。

それで今の国内外の生命科学研究は公正な研究を推進するのに十分と言えるだろうか？　答えは、本書から読みとれるように、否である。

本書が主に扱っているのは再現性のない研究である。その原因は不正というよりも、実験材料の不備や、ルールらしいルールのない動物実験や、不適切な統計処理など、厳密でない研究の行なわれ方（不適切な研究行為）や研究者の無知にあると言える。これは、研究者として責任ある行動とはどういうものかが問われるもので、不正防止よりもさらに重い課題だ。研究者には、自らを律し、健全な研究を行なうことが求められる。国内の関連する機関でも、研究のデザインや結果の解析など研究の厳密性に関するルールや、その教育について、話題に上ることも出てきたが、不正の取り組みにくらべれば、まったくと言っていいほど浸透していない。残念ながら、研究の厳密性に対する国内研究者の意識は高くない。

とはいえ、一部ではあるが、厳密性の問題に対する取り組みも出てきている。オープンサイエンスやＲＣＲ（Responsible Conduct of Research, 責任ある研究活動）に向けた議論が関連機関で行なわれているほか、京都府立医科大学では「研究開発・質管理向上統合センター」や「生物統計学教室」が開設され、東北大学ではアカデミックインテグリティー（学問的な誠実さ）の教育パンフレットが作られ、東京大学定量生命科学研究所では研究アクションに基づく取り組み（論文投稿チェックリストなど）が実施されている。

しかし、研究者個人となると、この問題と向き合うことはほとんどない。論文をジャーナルに投稿し、編集者から研究データの厳密性に関するチェックリストを渡されて（すべてのジャーナルではない）初めて、研究の厳密性ということにはたと思いいたるのが現状ではないだろうか。非常に残念だが、体系だった形であれ、現場での指導であれ、厳密な研究を行なうための責任ある「具体的な」行動を教える教育が皆無という状況だからだろう。本書で扱う抗体や培養細胞の問題は、個別の研究者のレベルでは意識がないわけではない。だが、研究者のコミュニティとしての全体的な議論が上がることはあまりない。一方、本書にあるように、米国では研究者たちがボトムアップ式に厳密性の向上を図る試みがさまざまなされている。危機意識、そして実際の行動という面で、残念ながら、日本はアメリカよりも大幅に遅れていると言わざるをえない。

科学の進展は小さな研究成果の積み重ねであり、そうして初めてパラダイムシフトという大きな発展が生まれる。つまり、数多くの小さな「正しい」成果なしには成り立たない。特に現代の生命科学の研究成果は互いに密接に連関し合っている。万が一、そこに真ではない結果があれば、それを元に積み上げられた研究は崩壊してしまう。いかに、研究の厳密性が科学の発展にとって、また研究者自身にとって重要であるかを考えずにはいられない。

日本の研究力が低下していると言われて久しい。日本発の論文数は国別で大きく順位を落としている。しかし、これ一つを取って議論しても意味はない。問題は質である。画期的な成果や新規性を求めるのはいいが、今、厳密な研究を行なえる体制を整えないと、日本の研究はさらに世界に遅れを取ってしまうかもしれない。現役の研究者が――ベテランも若手も――本書を手に取り、自らの研究を省みて、そこに厳密性があるのか、それを教育できているのか、本来研究があるべき姿を取り戻すために何ができるかを考え、行動に移す時期に来ている。願わくは、研究者の卵である大学生も本書を読み、生命科学は健全に発展してこそ、医療や医学に貢献できるのだということを認識し、行動してもらいたいと強く思う。

ネットの発展した今の時代、健康や医療に関するさまざまな情報を容易に手に入れることができるようになった。一般の読者には、生命医学の研究が抱えている問題を知り、世の中に溢れている健康に関する情報の真偽を少し立ち止まって見ていただきたい。「この情報、この研究の成果には再現性があるのか」「もしかしたら間違いなんじゃないか」と。本書にはそれを考える上での、ヒントも書かれている。

生物を扱う研究の進展は社会の期待通りに進まないことが多い。拙速で見た目の派手な研究ではなく、地道な研究の成果が蓄積し、研究者の誠実な姿勢が新しいものを生み出し、社会をよりよくするものだという目で見てほしい。一方で、本書の内容を社会的な問題として受け止め、研究者、特に現代の問題ある研究システムを厳しい目で批判してもらいたい。それがひいては、生命科学および生命医学が社会に貢献する道筋を与えてくれる。社会との接点を持つことは研究者の原動力になる。研究者を厳しく評価し、厳密性に基づいた研究成果は未来の人類の発展に繋がると信じ、支援していただければ幸いである。本書が、その契機になることを強く願う。

訳者あとがき

一九世紀に近代医学が誕生してから、医療は目覚ましい進歩を遂げてきた。抗生物質やワクチン、心臓手術などが健康の増進や寿命の延長に貢献してきたことは、誰もが認めるところだろう。だが、二〇〇三年にヒトゲノムの解読が終わり、研究所で利用される技術の進展も著しい二一世紀の今、医学研究の歩みは鈍化していると言われている。

生命現象は直接観察することが困難なうえに恐ろしく複雑なので、生物医学研究は容易ではない。そもそも知の最先端でおこなわれる研究には、失敗や試行錯誤がつきものだ。しかし近年、研究に厳密性が欠けているという問題が浮上してきた。この問題の根深さや全体像を探っていくのが本書である。

本書ではまず、厳密性をめぐる問題が表面化した経緯が語られる。研究の成果は論文にまとめられ、学術雑誌に発表される。その数、毎年約一〇〇万件。製薬企業はしばしば、そのなかから新薬開発に向けたアイデアを得る。その場合、第一段階として論文と同じ結果が得られるかどうかを確かめるのだが、バイオ製薬企業アムジェンの研究者が、独創的とおぼしき五三件の研究を選んで追試したところ、結果を再現できたのは六件しかなかった（元の論文を発表した当の研究者すら再現できなかった！）。こうした問題があることは以前から囁かれていたが、アムジェンの研究論文が二〇一二年に『ネイチャー』誌に載ると注目され、「再現性の危機」として知られるようになった。さらに、信頼できない研究が非常に多いばかりか、防ぎうる間違いがあまりにも多いことが明らかになってきた。

続いて本書では、再現性の危機をもたらすおもな要因を具体的に見ていく。一つは、実験計画がお粗末なことだ。たとえば、致死的な筋萎縮性側索硬化症（ＡＬＳ）の治療法の探索は難航しており、ほぼすべての臨床試験が失敗している。ところが、臨床試験の根拠となった基礎研究（動物実験）の計画に欠陥があったことがわかった。動物の数が少なすぎたり、対照群がきちんと設定されていなかったりしたのだ。非営利の研究センターが妥当な計画を立てて実験し直すと、どの試験薬にも効果が認められなかった――本来、それでは臨床試験に進めない。なお動物の研究については、動物モデルが人間の疾患の代わりとして適切なのかという難しい問題もある。

もう一つの要因は、実験材料が悪いことだ。基礎研究では培養細胞がよく用いられる。だが、細胞の取り扱いがずさんだと、いつのまにか不死化細胞が入りこんでほかの細胞に取って代わり、研究者は自分の思っている研究対象ではない細胞を研究してしまう。このような誤認細胞株が用いられた研究は何万件もあり、投じられた無駄な研究費は何十億ドルにものぼるとされる。それにモノクローナル抗体（やはり研究でよく使われるツール）の問題も深刻だ。モノクローナル抗体は現在、五〇万種類ほどが市販されているが、宣伝どおりに働かない抗体がずいぶん多いという。

また、データ解析段階での間違いも大きな要因だ。本書では、機器によって生じたノイズを意味のある結果として解釈してしまうバッチ効果や、統計学的な有意差を得るためにデータをこねくり回すｐハッキング、実験をしてからデータに合う仮説を立てるハーキングなどが取り上げられている。生物学にもビッグデータの時代が到来するなか、データ解析上の問題はますます増えている。

問題の背景には、研究競争が熾烈で研究者に尋常ならぬプレッシャーがかかるという状況がある。現在のシステムでは、たとえ研究で手を抜いても、成果を有名な雑誌に一番に発表した研究者が報われる。研究者は短期間で成果が出そうなテーマに走りがちで、多すぎる研究者が少なすぎる研究資金の争奪戦を繰り広げ、多くの博士研究員（ポスドク）が少ない教授職を目指して競っている。こうした生物医学界の制度的問題は根深い。

だが、幸いにも再現性問題は認識されつつあり、改善に向けた動きも出てきている。本書のおもに後半では、細胞をしかるべき施設から認証してもらうなどの改善策や、研究の透明性を高める枠組み、研究者の教育を改善するための働きかけ、ＳＮＳを利用して論文発表の改革を図る取り組み、生物医学研究の文化や構造を変えるための数々の試みが紹介されている。

著者のリチャード・ハリスはアメリカの公共放送「ナショナル・パブリック・ラジオ」で三〇年あまり特派員を務め、科学、医学、気候、環境などの分野をカバーしてきた。しばらく気候と環境を専門にしていたのち、二〇一四年に担当が生物医学分野に変わった。それでこの分野を幅広く調査し始めたところ、生物医学研究に充てられる国家予算が一九九八年から二〇〇三年にかけて倍増したのちに一〇年間で実質的に二〇パーセント以上落ちこみ、研究助成金の獲得競争が激化したことを知った。そしてアムジェンの論文を読んで本書の執筆を思い立ったそうだ。

著者ははじめ、再現性の危機について研究者にインタビューしても答えてもらえまいと想像したそうだが、実際には多くの研究者が積極的に意見を述べてくれたという。本書には、例のアムジェンの論文を書いた研究者グレン・ベグリーをはじめ、アメリカ国立衛生研究所のフランシス・コリンズ所長や国立がん研究所で副所長を務めたアナ・バーカーなど、研究者や政府機関の（元）要人から得られた情報が多く含まれている。

また、ＡＬＳや膠芽腫（こうがしゅ）などの致命的な病気と闘っている患者たちのエピソードも印象深い。基礎研究の知見は、人間を対象とする臨床試験に、ひいては新しい治療薬や治療法の開発につながることが期待される。だが基礎研究がずさんだったらどうなるか。研究を支える莫大な税金が無駄になるのは言うまでもないが、その間（かん）に患者の命が削られていく——その事実は重い。本書には患者や家族の声が拾いあげられており、有望な治療選択肢の早期実用化に文字どおり命を託している患者たちの存在に私たちの意識を向けさせる。

科学研究は国際的な営みであり、研究の厳密性や再現性の問題は日本にとって無関係ではない。日本の状況については篠原（しのはら） 彰（あきら） 大阪大学教授のご解説をお読みいただければ幸いだ。ここでは最後に、本書に出てくる日本関連の話題を挙げておこう。不名誉なものでは、研究不正がクローズアップされることになったＳＴＡＰ細胞論文問題と論文撤回数のワースト記録がある。一方、厳密な研究の蓄積が臨床応用に結びついた例として、がん免疫療法が引き合いに出されている。この新たな治療法の道を拓いた本庶（ほんじょ） 佑（たすく） 京都大学特別教授が、二〇一八年にノーベル生理学・医学賞を受賞したのは記憶に新しいところだ。

本書を訳す機会を与えてくださり、編集作業をリードしてくださった白揚社の筧貴行氏と校正をご担当くださった鷹尾和彦氏、そのほかお世話になった方々に心から感謝申しあげる。

二〇一九年一月

寺町朋子

Biology 14, no. 5（May 12, 2016）: e1002456, doi:10.1371/journal.pbio.1002456.
14 Carol Kilkenny et al., "Improving Bioscience Research Reporting: The ARRIVE Guidelines for Reporting Animal Research," *PLOS Biology* 8, no. 6（January 29, 2010）: e1000412, doi:10.1371/journal.pbio.1000412.
15 Valerie C. Henderson et al., "Threats to Validity in the Design and Conduct of Preclinical Efficacy Studies: A Systematic Review of Guidelines for In Vivo Animal Experiments," *PLOS Medicine* 10, no. 7（2013）, doi:10.1371/journal.pmed.1001489.
16 "Enhancing Reproducibility," *Nature Methods* 10, no. 5（May 2013）: 367, http://dx.doi.org/10.1038/nmeth.2471.
17 Alex John London and Jonathan Kimmelman, "Why Clinical Translation Cannot Succeed Without Failure," *eLife* 4（2015）: 1–5, doi:10.7554/eLife.12844.
18 Daniel Sarewitz, "The Pressure to Publish Pushes Down Quality," *Nature* 533, no. 7602（2016）: 147–147, doi:10.1038/533147a.

Line Panels," *Nature* 533, no. 7603（May 19, 2016）: 333–337, http://dx.doi.org/10.1038/nature17987.
11 Marc Hafner et al., "Growth Rate Inhibition Metrics Correct for Confounders in Measuring Sensitivity to Cancer Drugs," *Nature Methods* 13, no. 6（2016）: 521–527, doi:10.1038/nmeth.3853.
12 "GBM AGILE," National Biomarker Development Alliance, http://nbdabiomarkers.org/gbm-agile.
13 Malorye Allison, "Biomarker-Led Adaptive Trial Blazes a Trail in Breast Cancer," *Nature Biotechnology* 28, no. 5（2010）: 383–384, doi:10.1038/nbt0510-383.

第10章　規律をつくり出す

1 John P. A. Ioannidis, "Contradicted and Initially Stronger Effects in Highly Cited Clinical Research," *JAMA: The Journal of the American Medical Association* 294, no. 2（2005）: 218–228, doi:10.1001/jama.294.2.218.
2 Athina Tatsioni, Nikolaos G. Bonitsis, and John P. A. Ioannidis, "Persistence of Contradicted Claims in the Literature," *JAMA: The Journal of the American Medical Association* 298, no. 21（2007）: 2517–2526, doi:10.1016/j.jemermed.2008.02.043.
3 John P. A. Ioannidis, "Why Most Published Research Findings Are False," *PLOS Medicine* 2, no. 8（2005）, doi:10.1371/journal.pmed.0020124.
4 Steven Goodman and Sander Greenland, "Assessing the Unreliability of the Medical Literature: A Response to 'Why Most Published Research Findings Are False,'" *PLOS Medicine* 4, no. 4（2007）: 135, doi:10.1371/journal.pmed.0040168.
5 Leah R. Jager and Jeffrey T. Leek, "An Estimate of the Science-Wise False Discovery Rate and Application to the Top Medical Literature," *Biostatistics* 15, no. 1（2014）: 1–12, doi:10.1093/biostatistics/kxt007.
6 Robert M. Kaplan and Veronica L. Irvin, "Likelihood of Null Effects of Large NHLBI Clinical Trials Has Increased over Time," *PLOS ONE* 10, no. 8（2015）, doi:10.1371/journal.pone.0132382.
7 C. Glenn Begley, Alastair M. Buchan, and Ulrich Dirnagl, "Robust Research: Institutions Must Do Their Part for ility," *Nature* 525, no. 7567（2015）: 25–27, doi:10.1038/525025a.
8 Michael Rosenblatt, "An Incentive-Based Approach for Improving Data Reproducibility," *Science Translational Medicine* 8, no. 336（April 27, 2016）: 336ed5, doi: 10.1126/scitranslmed.aaf5003.
9 Daniele Fanelli, "Set Up a 'Self-Retraction' System for Honest Errors," *Nature* 531（March 22, 2016）: 415, doi:10.1038/531415a.
10 The Niche（https://www.ipscell.com）.
11 右を参照。http://f1000research.com/channels/PRR.
12 Ahmed Alkhateeb, "Opinion: Reimagining the Paper," *Scientist*, May 2, 2016, http://www.the-scientist.com/?articles.view/articleNo/46007/title/Opinion--Reimagining-the-Paper.
13 Mallory C. Kidwell et al., "Badges to Acknowledge Open Practices: A Simple, Low-Cost, Effective Method for Increasing Transparency," ed. Malcolm R. Macleod, *PLOS*

21 Maxim Shatsky et al., "A Method for the Alignment of Heterogeneous Macromolecules from Electron Microscopy," *Journal of Structural Biology* 166, no. 1 (2009) : 67–78, doi:10.1016/j.jsb.2008.12.008.

22 R. Henderson, "Avoiding the Pitfalls of Single Particle Cryo-electron Microscopy: Einstein from Noise," *Proceedings of the National Academy of Sciences of the United States of America* 110, no. 45 (2013) : 18037–18041, doi:10.1073/pnas.1314449110.

23 K. T. Dolan, J. F. Pierre, and E. J. Heckler, "Revitalizing Biomedical Research: Recommendations from the Future of Research Chicago Symposium [version 1; referees: awaiting peer review]," *F1000Research* 5 (2016) :1548, doi: 10.12688/f1000research.9080.1.

24 Bruce Alberts et al., "Rescuing US Biomedical Research from Its Systemic Flaws," *Proceedings of the National Academy of Sciences of the United States of America* 111, no. 16 (2014) : 5773–5777, doi:10.1073/pnas.1404402111.

25 Bruce Alberts et al., "Opinion: Addressing Systemic Problems in the Biomedical Research Enterprise: Fig. 1," *Proceedings of the National Academy of Sciences of the United States of America* 112, no. 7 (2015) : 1912–1913, doi:10.1073/pnas.1500969112.

第9章　精密医療のハードル

1 D. G. Hicks and L. Schiffhauer, "Standardized Assessment of the HER2 Status in Breast Cancer by Immunohistochemistry," *Laboratory Medicine* 42, no. 8 (2011) : 459–467, doi:10.1309/LMGZZ58CTS0DBGTW.

2 M. Elizabeth H. Hammond et al., "American Society of Clinical Oncology/college of American Pathologists Guideline Recommendations for Immunohistochemical Testing of Estrogen and Progesterone Receptors in Breast Cancer," *Journal of Clinical Oncology* 28, no. 16 (2010) : 2784–2795, doi:10.1200/JCO.2009.25.6529.

3 Josep Villanueva et al., "Correcting Common Errors in Identifying Cancer-Specific Serum Peptide Signatures," *Journal of Proteome Research* 4, no. 4 (2005) : 1060–1072, doi:10.1021/pr050034b.

4 Francis S. Collins and Anna D. Barker, "Mapping the Cancer Genome," *Scientific American* 296, no. 3 (March 2007) : 50–57, doi:10.1038/scientificamerican0307-50.

5 Mathew J. Garnett et al., "Systematic Identification of Genomic Markers of Drug Sensitivity in Cancer Cells," *Nature* 483, no. 7391 (2012) : 570–575, doi:10.1038/nature11005.

6 Jordi Barretina et al., "The Cancer Cell Line Encyclopedia Enables Predictive Modelling of Anticancer Drug Sensitivity," *Nature* 483, no. 7391 (2012) : 603–607, doi:10.1038/nature11003.

7 Benjamin Haibe-Kains et al., "Inconsistency in Large Pharmacogenomic Studies," *Nature* 504, no. 7480 (2013) : 389–393, doi:10.1038/nature12831.

8 Nicolas Stransky et al., "Pharmacogenomic Agreement Between Two Cancer Cell Line Data Sets," *Nature* (2015) : 84–87, doi:10.1038/nature15736.

9 Zhaleh Safikhani et al., "Assessment of Pharmacogenomic Agreement," *F1000Research* 5 (2016) : 825, doi:10.12688/f1000research.8705.1.

10 Peter M. Haverty et al., "Reproducible Pharmacogenomic Profiling of Cancer Cell

6 Randy Schekman, "How Journals like Nature, Cell and Science Are Damaging Science," *Guardian*, December 9, 2013, http://www.theguardian.com/commentisfree/2013/dec/09/how-journals-nature-science-cell-damage-science.

7 Haruko Obokata et al., "Stimulus-Triggered Fate Conversion of Somatic Cells into Pluripotency," *Nature* 505, no. 7485 (January 30, 2014) : 641–647, http://dx.doi.org/10.1038/nature12968.

8 Gretchen Vogel and Dennis Normile, "Exclusive: Nature Reviewers Not Persuaded by Initial STAP Stem Cell Papers," *Science*, September 11, 2014, http://www.sciencemag.org/news/2014/09/exclusive-nature-reviewers-not-persuaded-initial-stap-stem-cell-papers.

9 "Case Summary: Forbes, Meredyth M.," Office of Research Integrity, https://ori.hhs.gov/content/case-summary-forbes-meredyth-m.

10 "Case Summary: Pastorino, John G.," Office of Research Integrity, https://ori.hhs.gov/content/case-summary-pastorino-john-g.

11 "Cancer Research Retraction Is Fifth for Robert Weinberg; Fourth for His Former Student," Retraction Watch, http://retractionwatch.com/2015/07/06/cancer-research-retraction-is-fifth-for-robert-weinberg-fourth-for-his-former-student.

12 Ferric C. Fang, R. Grant Steen, and Arturo Cadadevall, "Misconduct Accounts for the Majority of Retracted Scientific Publications," *Proceedings of the National Academy of Sciences of the United States of America* 109, no. 42 (2012) : 17028–17033, doi:10.1073/pnas.1220833110.

13 David B. Allison et al., "Reproducibility: A Tragedy of Errors," *Nature* 530 (February 3, 2016) : 27–29, http://www.nature.com/news/reproducibility-a-tragedy-of-errors-1.19264.

14 Richard S. Spielman and Vivian G. Cheung, "Reply to 'On the Design and Analysis of Gene Expression Studies in Human Populations,'" *Nature Genetics* 39, no. 7 (2007) : 808–809, doi:10.1038/ng0707-808.

15 Brian C. Martinson, Melissa S. Anderson, and Raymond de Vries, "Scientists Behaving Badly," *Nature* 435, no. 7043 (2005) : 737–738, doi:10.1038/435737a.

16 Daniele Fanelli, "How Many Scientists Fabricate and Falsify Research? A Systematic Review and Meta-analysis of Survey Data," *PLOS ONE* 4, no. 5 (2009), doi:10.1371/journal.pone.0005738.

17 Brian C. Martinson et al., "The Importance of Organizational Justice in Ensuring Research Integrity," *Journal of Empirical Research on Human Research Ethics: JERHRE* 5, no. 3 (2010) : 67–83, doi:10.1525/jer.2010.5.3.67.

18 Paul E. Smaldino and Richard McElreath, "The Natural Selection of Bad Science," *Royal Society Open Science* 3, no. 9 (September 21, 2016), http://rsos.royalsocietypublishing.org/content/3/9/160384.abstract.

19 Paula Stephan, "The Endless Frontier: Reaping What Bush Sowed?," in *The Changing Frontier: Rethinking Science and Innovation Policy*, ed. Adam Jaffe and Benjamin Jones (Chicago: University of Chicago Press, 2015).

20 Christiaan H. Vinkers, Joeri K. Tijdink, and Willem M. Otte, "Use of Positive and Negative Words in Scientific PubMed Abstracts Between 1974 and 2014: Retrospective Analysis," *BMJ* 351 (2015) : h6467, doi:http://dx.doi.org/10.1136/bmj.h6467.

15 "AIDS Healthcare Foundation, Plaintiff, vs. United States Food and Drug Administration, et al.," AIDS Healthcare Foundation, http://www.aidshealth.org/wp-content/uploads/2013/06/Doc-60-Order-Denying -FDAs-MSJ.pdf.

第7章 自分の研究をさらせ

1 Open Science Collaboration, "Estimating the Reproducibility of Psychological Science," *Science* 349, no. 6251（2015）: aac4716–aac4716, doi:10.1126/science.aac4716.
2 次のウェブサイトを参照。http://www.alltrials.net.
3 Robert M. Kaplan and Veronica L. Irvin, "Likelihood of Null Effects of Large NHLBI Clinical Trials Has Increased over Time," *PLOS ONE* 10, no. 8（2015), doi:10.1371/journal.pone.0132382.
4 E. S. Lander et al., "Initial Sequencing and Analysis of the Human Genome," *Nature* 409, no. 6822（2001）: 860–921, doi:10.1038/35057062.
5 S. L. Salzberg et al., "Microbial Genes in the Human Genome: Lateral Transfer or Gene Loss?," *Science* 292, no. 5523（2001）: 1903–1906, doi:10.1126/science.1061036.
6 Bjorn Nystedt et al., "The Norway Spruce Genome Sequence and Conifer Genome Evolution," *Nature* 497, no. 7451（May 30, 2013）: 579–584, http://dx.doi.org/10.1038.
7 Timothy M. Errington et al., "An Open Investigation of the Reproducibility of Cancer Biology Research," ed. Peter Rodgers, *eLife* 3（2014）: e04333, doi:10.7554/eLife.04333.
8 C. L. Chaffer et al., "Normal and Neoplastic Nonstem Cells Can Spontaneously Convert to a Stem-Like State," *Proceedings of the National Academy of Sciences of the United States of America* 108, no. 19（2011）: 7950–7955, doi:10.1073/pnas.1102454108.

第8章 壊れた文化

1 Francis Darwin, ed., *The Life and Letters of Charles Darwin*（London: D. Appleton and Co., 1898), 427. Googleブックス経由でアクセス。
2 Kathleen Collins, Ryuji Kobayashi, and Carol W. Greider, "Purification of Tetrahymena Telomerase and Cloning of Genes Encoding the Two Protein Components of the Enzyme," *Cell* 81, no. 5（1995）: 677–686, doi:10.1016/0092-8674（95）90529-4.
3 J. Lingner and T. R. Cech, "Purification of Telomerase from *Euplotes Aediculatus:* Requirement of a Primer 3' Overhang," *Proceedings of the National Academy of Sciences of the United States of America* 93, no. 20（1996）: 10712–10717, http://www.pnas.org/content/93/20/10712.short. 現在スタンフォード大学にいるスティーヴン・アータンディも、同様の結論に至った。
4 Chantal Autexier, D. X. Mason, and C. W. Greider, "Tetrahymena Proteins p80 and p95 Are Not Core Telomerase Components," *Proceedings of the National Academy of Sciences of the United States of America* 98, no. 22（2001）: 12368–12373, doi:10.1073/pnas.221456398.
5 "Biomedical Research Workforce Working Group Report," NIH, June 14, 2012, http://acd.od.nih.gov/Biomedical_research_wgreport.pdf, p. 81.

and Human Services Should Conduct or Support Research on Certain Tests to Screen for Ovarian Cancer, and Federal Health Care Programs and Group and Individual Health Plans Should Cover the Tests If Demonstrated to Be Effective, and for Other Purposes," Congress.gov, https://www.congress.gov/bill/107th-congress/house-concurrent-resolution/385.

2 Andrew Pollack, "New Cancer Test Stirs Hope and Concern," *New York Times*, February 3, 2004, http://www.nytimes.com/2004/02/03/science/new-cancer-test-stirs-hope-and-concern.html.

3 Mark Elwood, "Proteomic Patterns in Serum and Identification of Ovarian Cancer," *Lancet* 360, no. 9327 (July 13, 2002) : 170, doi:http://dx.doi.org/10.1016/S0140-6736(02)09389-3.

4 Leonard P. Freedman, Iain M. Cockburn, and Timothy S. Simcoe, "The Economics of Reproducibility in Preclinical Research," *PLOS Biology* 13, no. 6 (2015) : e1002165, doi:10.1371/journal.pbio.1002165.

5 Richard Spielman et al., "Common Genetic Variants Account for Differences in Gene Expression Among Ethnic Groups," *Nature Genetics* 39, no. 2 (2007) : 226–231, doi:citeulike-article-id:1043226.

6 Joshua M. Akey et al., "On the Design and Analysis of Gene Expression Studies in Human Populations," *Nature Genetics* 39, no. 7 (July 2007) : 807–808, http://dx.doi.org/10.1038/ng0707-807.

7 Jeffrey T. Leek et al., "Tackling the Widespread and Critical Impact of Batch Effects in High-Throughput Data," *Nature Reviews Genetics* 11, no. 10 (2010) : 733–739, doi:10.1038/nrg2825.

8 John P. A. Ioannidis, Robert Tarone, and Joseph K. McLaughlin, "The False-Positive to False-Negative Ratio in Epidemiologic Studies," *Epidemiology* 22, no. 4 (2011) : 450–456, doi:10.1097/EDE.0b013e31821b506e.

9 John P. A. Ioannidis et al., "The Geometric Increase in Meta-analyses from China in the Genomic Era," *PLOS ONE* 8, no. 6 (June 12, 2013) : e65602, http://dx.doi.org/10.1371%2Fjournal.pone.0065602.

10 David Salsburg, *The Lady Tasting Tea: How Statistics Revolutionized Science in the Twentieth Century* (New York: W. H. Freeman, 2001).

11 Michelle Schwalbe, "Statistical Challenges in Assessing and Fostering the Reproducibility of Scientific Results: Summary of a Workshop," National Academies Press," 2016, doi:10.17226/21915.

12 Ronald L. Wasserstein and Nicole A. Lazar, "The ASA's Statement on P-Values: Context, Process, and Purpose," *American Statistician* 70, no. 2 (2016), doi: 10.1080/00031305.2016.11 54108.

13 Joseph P. Simmons, Leif D. Nelson, and Uri Simonsohn, "False-Positive Psychology: Undisclosed Flexibility in Data Collection and Analysis Allows Presenting Anything as Significant," *Psychological Science* 22, no. 11 (2011) : 1359–1366, doi:10.1177/0956797611417632.

14 Norbert L. Kerr, "HARKing: Hypothesizing After the Results Are Known," *Personality and Social Psychology Review* 2, no. 3 (1998) : 196–217, doi:10.1207/s15327957pspr0203_4.

911–915, http://www.ncbi.nlm.nih.gov/pubmed/730202.

8 D. T. Ross et al., "Systematic Variation in Gene Expression Patterns in Human Cancer Cell Lines," *Nature Genetics* 24, no. 3（2000）: 227–235, doi:10.1038/73432.

9 "MDA-MB-435, and Its Derivation MDA-N, Are Melanoma Cell Lines, Not Breast Cancer Cell Lines," Developmental Therapeutics Program, last updated May 8, 2015, https://dtp.cancer.gov/discovery_development/nci-60/mda-mb-435.htm.

10 Caroline Piette et al., "The Dexamethasone-Induced Inhibition of Proliferation, Migration, and Invasion in Glioma Cell Lines Is Antagonized by Macrophage Migration Inhibitory Factor（MIF）and Can Be Enhanced by Specific MIF Inhibitors," *Journal of Biological Chemistry* 284, no. 47（2009）: 32483–32492, doi:10.1074/jbc.M109.014589.

11 Anja Torsvik et al., "U-251 Revisited: Genetic Drift and Phenotypic Consequences of Long-Term Cultures of Glioblastoma Cells," *Cancer Medicine* 3, no. 4（2014）: 812–824, doi:10.1002/cam4.219.

12 Elie Dolgin, "Venerable Brain-Cancer Cell Line Faces Identity Crisis," *Nature*, August 31, 2016, doi:10.1038/nature.2016.20515.

13 Marie Allen et al., "Origin of the U87MG Glioma Cell Line: Good News and Bad News," *Science Translational Medicine* 8, no. 354（August 31, 2016）: 354re3–354re3, http://stm.sciencemag.org/content/8/354/354re3.abstract.

14 Jean-Pierre Gillet, Sudhir Varma, and Michael M. Gottesman, "The Clinical Relevance of Cancer Cell Lines," *Journal of the National Cancer Institute* 105, no. 7（2013）: 452–458, doi:10.1093/jnci/djt007.

15 Monya Baker, "Blame It on the Antibodies," *Nature* 521（2015）: 274–275, doi:10.1038/521274a.

16 Pontus Boström et al., "A PGC1-α-Dependent Myokine That Drives Brown-Fat-Like Development of White Fat and Thermogenesis," *Nature* 481, no. 7382（2012）: 463–468, doi:10.1038/nature10777.

17 Elke Albrecht et al., "Irisin—a Myth Rather Than an Exercise-Inducible Myokine," *Scientific Reports* 5（2015）: 8889, doi:10.1038/srep08889.

18 Mark P. Jedrychowski et al., "Detection and Quantitation of Circulating Human Irisin by Tandem Mass Spectrometry," *Cell Metabolism* 22, no. 4（2015）: 734–740, doi:10.1016/j.cmet.2015.08.001.

19 Jennifer Bordeaux et al., "Antibody Validation," *BioTechniques* 48, no. 3（March 2010）: 197–209, doi:10.2144/000113382.

20 "1st International Antibody Validation Forum 2014: John Mountzouris," posted to YouTube by St John's Laboratory Ltd., October 30, 2014, https://www.youtube.com/watch?v=tnPUujPw2yY.

21 Leonard P. Freedman, Iain M. Cockburn, and Timothy S. Simcoe, "The Economics of Reproducibility in Preclinical Research," *PLOS Biology* 13, no. 6（2015）: e1002165, doi:10.1371/journal.pbio.1002165.

第6章　結論に飛びつく

1 "H.Con.Res.385—Expressing the Sense of the Congress That the Secretary of Health

Mimic Human Inflammatory Diseases," *Proceedings of the National Academy of Sciences of the United States of America* 112, no. 4 (January 27, 2015) : 1167–1172, doi:10.1073/pnas.1401965111.

10 Lalit K. Beura et al., "Normalizing the Environment Recapitulates Adult Human Immune Traits in Laboratory Mice," *Nature* 532, no. 7600 (April 28, 2016) : 512–516, http://dx.doi.org/10.1038/nature17655.

11 S. H. Richter et al., "Effect of Population Heterogenization on the Reproducibility of Mouse Behavior: A Multi-laboratory Study," *PLOS ONE* 6, no. 1 (2011), doi:10.1371/journal.pone.0016461.

12 Robert E. Sorge et al., "Olfactory Exposure to Males, Including Men, Causes Stress and Related Analgesia in Rodents," *Nature Methods* 11, no. 6 (2014) : 629–632, doi:10.1038/nmeth.2935.

13 Joseph P. Garner, "The Significance of Meaning: Why Do over 90% of Behavioral Neuroscience Results Fail to Translate to Humans, and What Can We Do to Fix It?," *ILAR Journal* 55, no. 3 (2014) : 438–456, doi:10.1093/ilar/ilu047.

14 Shraddha Chakradhar, "New Company Aims to Broaden Researchers' Access to Organoids," *Nature Medicine* 22, no. 4 (April 2016) : 338, http://dx.doi.org/10.1038/nm0416-338.

15 Kambez H. Benam et al., "Small Airway-on-a-Chip Enables Analysis of Human Lung Inflammation and Drug Responses in Vitro," *Nature Methods* 13, no. 2 (February 2016) : 151–157, http://dx.doi.org/10.1038/nmeth.3697.

16 Jack W. Scannell and Jim Bosley, "When Quality Beats Quantity: Decision Theory, Drug Discovery, and the Reproducibility Crisis," *PLOS ONE* 11, no. 2 (2016), doi:10.1371/journal.pone.0147215.

第5章　疑惑の細胞と抗体

1 "Novel Human Endometrial Cell Line Promotes Blastocyst Development," *Fertility and Sterility* 61, no. 4 (1994) : 760–766, http://www.ncbi.nlm.nih.gov/pubmed/7512055.

2 Nina Desai et al., "Live Births in Poor Prognosis IVF Patients Using a Novel Non-contact Human Endometrial Co-culture System," *Reproductive Biomedicine Online* 16, no. 6 (2008) : 869–874, doi:10.1016/S1472-6483 (10) 60154-X.

3 Jill Neimark, "Line of Attack," *Science* 347, no. 6225 (2015) : 938–940, doi:10.1126/science.347.6225.938.

4 Peyton Hughes et al., "The Costs of Using Unauthenticated, Over-Passaged Cell Lines: How Much More Data Do We Need?," *BioTechniques* 43, no. 5 (2007) : 575–586, doi:10.2144/000112598.

5 Roland M. Nardone, "Curbing Rampant Cross-Contamination and Misidentification of Cell Lines," *BioTechniques* 45, no. 3 (2008) : 221–227, doi:10.2144/000112925.

6 Amanda Capes-Davis et al., "Check Your Cultures! A List of Cross-Contaminated or Misidentified Cell Lines," *International Journal of Cancer* 127, no. 1 (2010) : 1–8, doi:10.1002/ijc.25242.

7 R. Cailleau, M. Olive, and Q. V. Cruciger, "Long-Term Human Breast Carcinoma Cell Lines of Metastatic Origin: Preliminary Characterization," *In Vitro* 14, no. 11 (1978) :

doi:10.1080/17482960701856300.
2 Steve Perrin, "Make Mouse Studies Work," *Nature* 507（2014）: 423, doi:10.1038/507423a.
3 Story C. Landis et al., "A Call for Transparent Reporting to Optimize the Predictive Value of Preclinical Research," *Nature* 490, no. 7419（2012）: 187–191, doi:10.1038/nature11556.
4 "Departments of Labor, Health and Human Services, and Education, and Related Agencies Appropriations for Fiscal Year 2013," US Government Publishing Office, https://www.gpo.gov/fdsys/pkg/CHRG-112shrg29104500/html/CHRG-112shrg29104500.htm.
5 Francis S. Collins and Lawrence A. Tabak, "Policy: NIH Plans to Enhance Reproducibility," *Nature* 505, no. 7485（2014）: 612–613, doi:10.1038/505612a.
6 "Rigor and Reproducibility," NIH, http://grants.nih.gov/reproducibility/index.htm.
7 Jacqueline G. O'Rourke et al., "C9orf72 BAC Transgenic Mice Display Typical Pathologic Features of ALS/FTD," *Neuron* 88, no. 5（2015）: 892–901, doi:10.1016/j.neuron.2015.10.027; Owen M. Peters et al., "Human C9ORF72 Hexanucleotide Expansion Reproduces RNA Foci and Dipeptide Repeat Proteins but not Neurodegeneration in BAC Transgenic Mice," *Neuron* 88, no. 5（2015）: 902–909, doi:10.1016/j.neuron.2015.11.018.

第4章　惑わすマウス

1 Institute of Medicine（US）Committee to Review the Fialuridine（FIAU/FIAC）Clinical Trials, *Review of the Fialuridine（FIAU）Clinical Trials*, ed. F. J. Manning and M. Swartz（Washington, DC: National Academies Press, 1995）.
2 Akira Endo, "A Historical Perspective on the Discovery of Statins," *Proceedings of the Japan Academy. Series B, Physical and Biological Sciences* 86, no. 5（2010）: 484–493, doi:10.2183/pjab.86.484.
3 Thomas Hartung, "Food for Thought; Look Back in Anger—What Clinical Studies Tell Us About Preclinical Work," *Altex* 30, no. 3（2013）: 275–291, doi:10.1016/j.biotechadv.2011.08.021.
4 Ulrich Dirnagl and Malcolm R. Macleod, "Stroke Research at a Road Block: The Streets from Adversity Should Be Paved with Meta-analysis and Good Laboratory Practice," *British Journal of Pharmacology* 157, no. 7（2009）: 1154–1156, doi:10.1111/j.1476-5381.2009.00211.
5 A. Shuaib et al., "NXY-059 for the Treatment of Acute Ischemic Stroke," *New England Journal of Medicine* 357, no. 6（2007）: 562–571, http://www.nejm.org/doi/full/10.1056/NEJMoa070240#t=article.
6 Dirnagl and Macleod, *British Journal of Pharmacology*（2009）.
7 Malcolm R. Macleod et al., "Risk of Bias in Reports of In Vivo Research: A Focus for Improvement," *PLOS Biology* 13, no. 10（2015）: 1–12, doi:10.1371/journal.pbio.1002273.
8 Junhee Seok et al., "Genomic Responses in Mouse Models Poorly Mimic Human Inflammatory Diseases," *Proceedings of the National Academy of Sciences of the United States of America* 110, no. 9（2013）: 3507–3512, doi:10.1073/pnas.1222878110.
9 Keizo Takao and Tsuyoshi Miyakawa, "Genomic Responses in Mouse Models Greatly

第2章　無数の落とし穴

1 Richard P. Feynman, "Cargo Cult Science," Caltech, 1974, http://calteches.library.caltech.edu/51/2/CargoCult.htm.

2 David Wootton, *The Invention of Science: A New History of the Scientific Revolution* (New York: HarperCollins, 2015).

3 Martin A. Schwartz, "The Importance of Indifference in Scientific Research," *Journal of Cell Science* 128, no. 15 (2015) : 2745–2746, doi:10.1242/jcs.174946. 著者の許可を得て引用。

4 Tonya L. Jacobs et al., "Intensive Meditation Training, Immune Cell Telomerase Activity, and Psychological Mediators," *Psychoneuroendocrinology* 36, no. 5 (2011) : 664–681, doi:10.1016/j.psyneuen.2010.09.010.

5 Jae-Il Park et al., "Telomerase Modulates Wnt Signalling by Association with Target Gene Chromatin," *Nature* 460, no. 7251 (2009) : 66–72, doi:10.1038/nature08137.

6 Margaret A. Strong et al., "Phenotypes in mTERT $^{+/-}$ and mTERT $^{-/-}$ Mice Are Due to Short Telomeres, not Telomere-Independent Functions of Telomerase Reverse Transcriptase," *Molecular and Cellular Biology* 31, no. 12 (2011) : 2369–2379, doi:10.1128/MCB.05312-11.

7 Linghe Xi and Thomas R. Cech, "Inventory of Telomerase Components in Human Cells Reveals Multiple Subpopulations of hTR and hTERT," *Nucleic Acids Research* 42, no. 13 (2014) : 8565–8577, doi:10.1093/nar/gku560.

8 Stuart Firestein, *Failure: Why Science Is So Successful* (Oxford: Oxford University Press, 2016), 159.

9 David Chavalarias and John P. A. Ioannidis, "Science Mapping Analysis Characterizes 235 Biases in Biomedical Research," *Journal of Clinical Epidemiology* 63, no. 11 (2010) : 1205–1215, doi:10.1016/j.jclinepi.2009.12.011.

10 J. A. Layton and F. S. Collins, "Policy: NIH to Balance Sex in Cell and Animal Studies," *Nature* 509, no. 7500 (2014) : 282–283, doi:10.1038/509282a.

11 L. N. Alfano et al., "T.P.1," *Neuromuscular Disorders* 24, no. 9–10 (2014) : 860, doi:10.1016/j.nmd.2014.06.224.

12 William C. Hines et al., "Sorting Out the FACS: A Devil in the Details," *Cell Reports* 6, no. 5 (2014) : 779–781, doi:10.1016/j.celrep.2014.02.021.

13 Daniel H. Madsen and Thomas H. Bugge, "The Source of Matrix-Degrading Enzymes in Human Cancer: Problems of Research Reproducibility and Possible Solutions," *Journal of Cell Biology* 209, no. 2 (2015) : 195–198, doi:10.1083/jcb.201501034.

14 Lisa M. Coussens, Barbara Fingleton, and Lynn M. Matrisian, "Matrix Metalloproteinase Inhibitors and Cancer: Trials and Tribulations," *Science* 295, no. 5564 (2002) : 2387–2392, doi:10.1126/science.1067100.

第3章　バケツ一杯の冷や水

1 Sean Scott et al., "Design, Power, and Interpretation of Studies in the Standard Murine Model of ALS," *Amyotrophic Lateral Sclerosis: Official Publication of the World Federation of Neurology Research Group on Motor Neuron Diseases* 9, no. 1 (2008) : 4–15,

参考文献

第１章　製薬業界を揺るがした爆弾発言

1 Florian Prinz, Thomas Schlange, and Khusru Asadullah, "Believe It or Not: How Much Can We Rely on Published Data on Potential Drug Targets?," *Nature Reviews Drug Discovery* 10, no. 9 (2011) : 712, doi:10.1038/nrd3439-c1.

2 C. Glenn Begley and Lee M. Ellis, "Drug Development: Raise Standards for Preclinical Cancer Research," *Nature* 483, no. 7391 (2012) : 531–533, doi:10.1038/483531a.

3 John P. A. Ioannidis, "Why Most Published Research Findings Are False," *PLOS Medicine* 2, no. 8 (2005), doi:10.1371/journal.pmed.0020124.

4 Leonard P. Freedman, Iain M. Cockburn, and Timothy S. Simcoe, "The Economics of Reproducibility in Preclinical Research," *PLOS Biology* 13, no. 6 (2015) : e1002165, doi:10.1371/journal.pbio.1002165.

5 Aaron Mobley et al., "A Survey on Data Reproducibility in Cancer Research Provides Insights into Our Limited Ability to Translate Findings from the Laboratory to the Clinic," *PLOS ONE* 8, no. 5 (2013) : 3–6, doi:10.1371/journal.pone.0063221.

6 "ASCB Member Survey on Reproducibility," ACSB, 2015, http://www.ascb.org/wp-content/uploads/2015/11/final-survey-results-without-Q11.pdf.

7 Francis S. Collins and Lawrence A. Tabak, "Policy: NIH Plans to Enhance Reproducibility," *Nature* 505, no. 7485 (2014) : 612–613, doi:10.1038/505612a.

8 Jack W. Scannell et al., "Diagnosing the Decline in Pharmaceutical R&D Efficiency," *Nature Reviews Drug Discovery* 11, no. 3 (2012) : 191–200, doi:10.1038/nrd3681.

9 Timothy R. Brazelton et al., "From Marrow to Brain: Expression of Neuronal Phenotypes in Adult Mice," *Science* 290, no. 5497 (December 1, 2000) : 1775–1779, http://science.sciencemag.org/content/290/5497/1775.abstract; E. Gussoni et al., "Dystrophin Expression in the Mdx Mouse Restored by Stem Cell Transplantation," *Nature* 401, no. 6751 (1999) : 390–394, doi:10.1038/43919.

10 A. J. Wagers et al., "Little Evidence for Developmental Plasticity of Adult Hematopoietic Stem Cells," *Science* 297, no. 5590 (2002) : 2256–2259, doi:10.1126/science.1074807.

11 Sean J. Morrison, "Time to Do Something About Reproducibility," *eLife* 3 (2014) : 1–4, doi:10.7554/eLife.03981.

12 C. Glenn Begley, "Six Red Flags for Suspect Work," *Nature* 497 (2013) : 433–434, doi:10.1038/497433a.

リチャード・ハリス（Richard Harris）
科学ジャーナリスト。科学・医療・環境を専門とし、ナショナル・パブリック・ラジオの記者として三〇年以上の実績がある。AAAS（アメリカ科学振興協会）の科学ジャーナリズム賞を三回受賞している。ワシントンDC在住。

寺町朋子（てらまち・ともこ）
翻訳家。京都大学薬学部卒業。企業で医薬品の研究開発に携わり、科学書出版社勤務を経て現在にいたる。訳書にデステノ『信頼はなぜ裏切られるのか』、ズデンドルフ『現実を生きるサル 空想を語るヒト』（以上白揚社）、トリー『神は、脳がつくった』、キルシュ&オーガス『新薬の狩人たち』ほか多数。

篠原　彰（しのはら・あきら）
大阪大学蛋白質研究所教授、理学博士。一九六四年生まれ。DNAの組換え反応にかかわる遺伝子、タンパク質の機能を研究し、その分子メカニズムの解明を目指している。

ISBN 978-4-8269-0209-0

生命科学（せいめいかがく）クライシス

二〇一九年三月二十八日　第一版第一刷発行

著　者　リチャード・ハリス
訳　者　寺町朋子（てらまちともこ）

発行者　中村　幸慈
発行所　株式会社　白揚社　
〒101-0062　東京都千代田区神田駿河台1-7
電話　03-5281-9772　振替　00130-1-25400
装　幀　尾崎文彦（株式会社トンプウ）
印刷・製本　中央精版印刷株式会社